草原监测
技术与应用

王 林 杨 智 ▪ 主编

中国林业出版社
China Forestry Publishing House

审图号:GS京(2023)2570号

图书在版编目(CIP)数据

草原监测技术与应用 / 王林, 杨智主编. -- 北京 :中国林业
出版社, 2023.8
  ISBN 978-7-5219-2324-7

Ⅰ. ①草… Ⅱ. ①王… ②杨… Ⅲ. ①草原－监测－中国
Ⅳ. ①S812.6

中国国家版本馆CIP数据核字(2023)第167287号

策划： 邵权熙
责任编辑： 于界芬　　于晓文
_____

出版发行： 中国林业出版社
　　　　　　　（100009，北京市西城区刘海胡同7号，电话010-83143549）
电子邮箱： cfphzbs@163.com
网址： www.forestry.gov.cn/lycb.html
印刷： 北京博海升彩色印刷有限公司
版次： 2023年8月第1版
印次： 2023年8月第1次印刷
开本： 710mm×1000mm　1 / 16
印张： 16.5
字数： 330千字
定价： 100.00元

《草原监测技术与应用》
编委会

主　编　王　林　杨　智

副主编　石俊华　刘智军　田海静　杨秀春
　　　　　高金萍

编写人员（按姓氏笔画排序）

王　林	王志臣	王冠聪	王鹏杰	古　力
石俊华	田海静	刘永杰	刘智军	运向军
李兴福	李志云	李拥军	李新建	杨　智
杨秀春	杨俊峰	何旭升	辛玉春	张　权
张　剑	张　渊	张大为	张才高	张海燕
张煜星	阿斯娅·曼力克		陈　丹	范云豹
和紫薇	周　信	郑淑华	赵　欢	姜佳昌
都瓦拉	徐志高	高金萍	唐芳林	唐景全
桑轶群	黄　麟	黄文广	盛　俐	彭　建
董世魁	韩立亮	程　杰	谢晶杰	雷　霄
潘东荣				

审　核　樊江文

序

　　草原是我国最大的陆地生态系统之一。根据第三次全国国土调查数据，草原面积达 39.7 亿亩*，占国土面积的 27.6%。草原不仅有"一岁一枯荣，春风吹又生"的活力，也有"天高云淡"的壮美。草原更是夏日度假的理想之处，这里不仅有草天一色、云卷云舒的壮观，也有"牛羊好似珍珠撒"的锦绣。草原为人类的食物安全提供保障，还为人们提供着多种生态服务功能产品，为人们创造着和谐、美丽、宜居的环境。如它是重要的水源涵养地，地表蓄积的含水量相当于全国所有大中型水库的蓄水量，占全国地表蓄水量的 14%。草原还是巨大的碳库，草地土壤碳储量达 240 亿吨，固碳潜力可抵消全国 3%~6% 的碳排放量。草原还是多种生物栖息的家园，草原与我们每个人息息相关。因此，保护草原、利用草原，使其永续发展，是我们这一代人责无旁贷的责任。

　　摸清草原家底，进行草原调查，是开展所有草原工作的基础。因此，早在 20 世纪 50 年代初期，新中国成立不久，百废待兴，国家便组织中国科学院和相关省份的科技人员，

---

*1 亩 =0.067 公顷

开展了大规模的自然资源本底调查，也包括对全国重点牧区的草原调查，向政府提交了一系列调查报告，为经济建设和社会发展提供了重要依据。并出版了部分著作，其中包括由任继周执笔、王栋审校于 1954 年出版的第一部草原调查专著《皇城滩和大马营草原调查报告》。大马营草原是我下乡工作七年之久的地方，读这本调查报告，比较现在的草原，尤其感到草原调查的重要和历史资料的珍贵。

草原调查的重要性不断得到各级政府和广大科技人员的重视。1977 年，任继周先生受农业部委托，组织相关高校，主持制定了《全国高校草原专业本科教学大纲》。其中，规定草原调查与规划，是草原专业 5 门专业课之一。1985 年，农业出版社出版了任继周主编的大学本科教材《草原调查与规划》。从此，草原调查成为草原专业的必修课程。草原调查的技能与方法，也成为草原专业学生必须掌握的基本技能，为在各地开展草原资源调查提供了科技力量保障。1980 年由农业部主持，启动了第一次全国草原资源普查，历时 10 年，完成了外业和内业工作，成果汇聚在中国科学技术出版社于1996 年出版的《中国草地资源》专著中。这是第一次查明了国家草原的家底，为草原的利用、保护、建设、科学研究提供了重要的依据。自 20 世纪 80 年代以来，草原遥感逐渐成为一项成熟的技术，应用于草原生产力和火灾的监测，在保护草原中发挥了重要作用。一些以草原遥感为题的著作也时有出版。但是，基于自己研究成果，系统总结草原监测理论与技术的专著尚不多见。

2003年，国家设立农业部草原监理中心，该中心在全国不同生态区域设立了监测样点，系统地开展了全国草原生产力的监测，推动了全国草原的保护与管理。

草原不仅是具有生命力的自然资源，也是活的生产资料。在人类活动的干扰下，其处于不断变化之中。10年前，青海、甘肃、内蒙古等省份，根据生产需要，自行进行了本省份的草原资源调查。但是，在全国范围内，仍然沿用的是第一次全国草原普查的数据源与资料。

党的十八大以来，生态环境建设得到了空前的重视。国家对草原实施了一系列重大工程与政策，如"退耕还林还草工程""京津风沙源治理工程""草原生态保护补助奖励政策""草原畜牧业提升工程"等，有力地促进了草原的改善。但是草原脆弱的本底没有改变。加之我国草原面积大、分布广、类型多，且多分布在交通不便、偏远的牧区。自第一次全国草地资源普查以来，草原的状况如何，包括面积、生产力等，成为亟待了解的问题。可以说，草原资源底数不清、动态变化掌握不及时、健康状况评价不准，草原保护修复和管理缺乏科学依据，已经成为影响草原工作的重大问题和突出短板，严重制约了草原各项工作的推进和高质量发展。

2018年，国务院机构改革，设立国家林业和草原局，这对全国草原工作者是极大的鼓舞，也为国家草原的建设、保护与利用提供了重要的领导与组织。国家林业和草原局确定林业草原国家公园"三位一体"融合发展的战略，要求加速林草融合发展。与林业相比，全国的草业和草业科学，都处于发展阶段，无论是从产值，还是研究队伍规模都仅相当于林业的十分之一左右。因此，如何尽快地将林业成熟的经验、技术与方法，结合我国的特点，创造性地应用到草业上来，在锻林业长板的同时，加快补齐草业的短板，是全国林草工作者面临的共同挑战。

草原监测工作是开展所有草原工作的基础，也是实现林草融合、建立林草一体化和常态化监测新格局的需要，更是服务于"生态文明建设兼顾畜牧业生产"这一草原历史性功能定位的迫切需求。为此，国家林业和草原局加快构建草原调查监测评价体系。2021 年，国家林业和草原局草原管理司印发《关于开展全国草原监测评价工作的通知》。同年，国家林业和草原局正式启动全国林草生态综合监测评价工作，草原监测评价全面融入综合监测体系中，标志着我国新时期草原监测评价工作的全面启动。

《草原监测技术与应用》是一部创新性很强的著作，是作者团队基于实践而总结的理论与技术。作者团队在两位主编的带领下，于 2021 年和 2022 年全国林草生态综合监测评价工作基础上，积极探索研究草原监测体系的技术理论和方法，在实践中进行检验完善和优化，经过反复凝练，形成这一理论联系实际的成果著作。在林草融合监测草地资源的理论、监测理论及深度融合的技术方法等方面，进行了开创性的工作。他们以第三次全国国土调查数据为统一底版，利用遥感监测、精准定位、人工智能、模型更新等"天空地"一体化先进技术，图斑监测和样地调查相结合，将草地落实到山头地块，建立了草原小班档案，形成了全国草原"一张图"，构建点面结合、数图衔接的全国草原调查监测体系，综合评价了草原生态系统的类型、质量、格局、功能与效益。

《草原监测技术与应用》是一部恰逢其时的著作。该书系统地阐述了草原监测工作技术方法和应用内容，整理了草原监测的四大任务和每项任务的宗旨目标、技术路线、工作步骤和成果产出，可以很好地指导各级草原监测技术支撑部门开展外业调查、内业整理、数据分析和统计汇总工作，是一本服务于广大基层草原工作人员学习培训、调查监测和信息化应用工作的工具书。该书有助于各级草原管理部门精细化管理，做好监测工作。

该书内容丰富、通俗易懂、理论与技术兼备，可作为我国草原、林业、畜牧、生态等领域的学生、研究人员和推广人员的重要参考著作。

从 20 世纪 80 年代初采用传统技术，历时 10 年进行全国草原资源普查，到本书的付梓，反映了高新技术在我国草地资源监测中的普及与应用，以及草业的发展与进步。我们正处于草业发展的大好时期，让我们共同努力，保护好草原、利用好草原，迎接更美好的明天!

中 国 工 程 院 院 士　　南志标
兰州大学草地农业科技学院教授

2023 年 7 月

草原是我国重要的陆地生态系统和自然资源，具有较强的防风固沙、涵养水源、保持水土、净化空气等生态功能。草原在维护国家生态安全、边疆稳定、民族团结和促进经济社会可持续发展、提高农牧民收入等方面具有基础性、战略性作用。草原是我国较大的天然植物基因库和重要的动物基因库，拥有宝贵的生物遗传资源。草原又是我国仅次于森林的第二大碳库，在实现"碳达峰、碳中和"战略目标中发挥着重要作用。

我国草原监测始于20世纪50年代。20世纪80年代初开展了第一次全国草地资源普查，首次采用遥感技术开展草原监测。20世纪90年代至21世纪初，开展了草原物候期、草畜平衡、草原生态工程效益等专项监测。进入21世纪以来，草原信息化建设使草原监测技术有了质的飞跃，并建立起草原类型划分、草原遥感监测、草原生态功能评价、草原生物多样性保护等系列技术体系，为新时期草原监测工作奠定了坚实的基础。从2005年开始每年发布全国草原监测报告。

2018 年，国家机构改革，草原管理顺应时代发展，新组建的国家林业和草原局下设草原管理司；2019 年，国家林业和草原局草原资源监测中心挂牌成立，草原事业进入新的发展阶段。在草原管理司的指导下，积极构建新时期全国草原监测评价体系，根据草原资源、生态和植被特点，以及草原管理需求，确立草原资源调查、草原生态评价、年度性草原动态监测、专项应急性监测等"四大任务"，构建草原监测类型区划、数据指标、场地设施、技术方法、质量控制、标准规范、数据平台、组织管理等"八大体系"，为林草生态综合监测和林草生态网络感知系统建设提供了重要技术支撑。

草原调查监测是摸清草原分布、类型，评价草原质量、生产力，开展草原保护修复、科学利用的重要工作。通过草原监测评价，准确掌握草原资源与生态状况，对推进生态文明建设、科学保护草原资源、促进草原合理利用具有重要意义。我们编写此书就是在新时期林草生态综合监测体系下，对草原监测技术方法理论与应用进行探索。作为一本实用性工具书，以期为实际工作提供参考，服务于广大基层草原工作者。

《草原监测技术与应用》是以新时期草原调查监测体系构建为基础，以第三次全国国土调查成果数据为底版，结合新时代生态文明背景下的中国草原分区结果（董世魁等，2022），较为系统全面研究总结了草原监测与评价的专著，从中国草原资源概况、草原监测历史回顾到新时期草原监测评价体系构建，从草原监测技术理论与方法到实际操作应用，从全面监测到专项监测，从数据采集到数据库建立、处理系统及管理平台建设进行了系统阐述。

本书分为9章，内容包括中国草原资源概况、新时期草原监测评价体系、草原监测技术、草原基况监测、草原动态监测、草原生态状况评价、草原应急监测、草原数据采集与处理系统和草原管理平台建设等。全书由王林、田海静、高金萍统稿，由中国科学院地理科学与资源研究所樊江文研究员审核，并提出了宝贵的修改意见。

中国工程院院士、兰州大学草地农业科技学院教授南志标先生在百忙之中拨冗作序，在此向南院士表示崇敬的谢意！在本书编写及修改过程中，得到了国家林业和草原局草原管理司、国家林业和草原局林草调查规划院各位领导的支持和指导，在此表示衷心的感谢！感谢所有为本书的编写与出版作出贡献的专家和同事！

在林草生态综合监测的背景下，草原监测抓住机遇借势发展，克服了多重困难，做了大量创新性工作，产出多项重要成果，草原监测工作成效显著。在习近平生态文明思想指引下，开展新时期草原监测评价必将发挥凝聚全国各级草原监测力量与智慧向着全面完善新时代草原监测体系迈进，奋进新征程、展现新作为，为时代赋予的职责和任务交一份满意的答卷。新时代赋予草原人新使命，我们立于时代潮头，栉风沐雨，砥砺前行，矢志不渝为草原事业贡献力量。

最后，由于编者水平有限，书中难免出现错误和疏漏之处，恳请广大读者，尤其是从事草原监测工作的同事给予批评指正。

编 者

2023 年 7 月

目 录

第一章
中国草原资源概况

第一节 草原概念与功能

一、草原概念与内涵

《中华人民共和国草原法》（简称《草原法》）规定，草原是指天然草原和人工草地。天然草原包括各类天然草地、草山和草坡，人工草地包括改良草地和退耕还草地。《草原与牧草术语》（GB/T 40451—2021）定义草原为以草本植物为主，或兼有覆盖度小于 40% 的灌木和乔木，为家畜和野生动物提供栖息地，并具有社会文化等多种功能的自然综合体。

（一）生态学定义

从生态学角度，草原是生长草本植物为主或兼有灌木或稀疏乔木，包括林间草地及栽培草地的多功能土地—生物资源，是陆地生态系统的重要组成部分，具有生态服务、生产建设、文化承载等功能。英文为 rangeland，与草地（grassland）同义，但后者内涵更广。

（二）植被学定义

从植被学角度，草原是以旱生多年生草本(有时为旱生小半灌木)组成的植物群落，与森林（forest）、荒漠（desert）、沼泽（marsh）等并列，使用范围较窄，仅指半湿润半干旱区的地带性植被，如欧亚大草原或典型草原（Steppe）、北美普列里草原（Prairie）、非洲南部维尔德草原(Veld)、非洲东部和澳大利亚的萨王纳草原(Savanna)等。

1

（三）农学定义

从农学角度，草原主要生长草本植物，或兼有灌木和稀疏乔木，可以为家畜和野生动物提供食物和生活场所，并可为人类提供优良生活环境及牧草和其他许多生物产品，是多功能的土地—生物资源和草业生产基地。英文为 rangeland, range, pastureland, pasture, 与草地 grassland 同义，但后者更加强调人为干预（国家林业和草原局草原管理司，2022；董世魁，2022）。

二、草原功能与作用

（一）生态功能

草原是我国面积最大的陆地生态系统（唐芳林等，2020；杨振海，2011），具有涵养水源、防风固沙、保持水土、固碳释氧、净化空气、调节气候、维护生物多样性等多重生态功能（唐芳林等，2021）。草原是"水库"，是众多大江大河的发源地和水源涵养区。我国长江、黄河、雅鲁藏布江、怒江、澜沧江、辽河、黑龙江等大江大河均发源于草原，其中长江水量的 30%、黄河水量的 80%、东北河流水量的 50% 以上均直接来源于草原地区。草原涵养水源功能强，是森林的 0.5～3.0 倍、耕地的 40～100 倍。草原还孕育了众多湖泊和冰川。仅青藏高寒草原区就分布着总面积达 300 多万公顷的高原内陆湖群，占全国湖泊总面积的近一半（耿国彪，2022）。我国冰川储量约 5590 亿立方米，其中 90% 以上的冰川分布在草原地区。草原是"碳库"，碳储量在我国仅次于森林，据测算，我国草原碳总储量占我国陆地生态系统的 16.7%，占世界草原生态系统的 8% 左右（耿国彪，2022）。草原生物多样性丰富，分布有 15000 余种野生植物、2000 余种野生动物，其中有不少是我国特有物种（国家林业和草原局草原管理司，2022；唐芳林等，2020）。草原还能够提供丰富多样、数量众多的高价值生态产品，也是筑牢我国生态安全屏障的重要基础（耿国彪，2022；刘洋洋等，2021；马林，2014）。

（二）经济功能

草原是广大农牧民赖以生存的生产资料和生活场所（李凌浩等，2012），草原资源支撑着畜牧生产、生态旅游，牧区群众 70% 左右的收入直接或间接来源于草原。草原的经济功能体现在草原畜牧业、草原特色产业、草原旅游业等方面（国家林业和草原局草原管理司，2022）。草原牧区生产的羊肉、牛肉、牛奶在全国市场占有很大比重，羊绒、羊毛等副产品占全国总产量的 60% 以上。根据测算，我国草原单位面积畜产品产值约 770 元 / 公顷，由此可推算出全国草地每年的畜产品产值高达 2000 多亿元（耿国彪，2022）。天然草原上分布着近千种药用植物，例如黄芪、柴胡、防风、甘草等代表性药材，以及冬虫夏草、雪莲等特有药材植物。2021 年，青海省冬虫夏草总产值达到 201.6 亿元，带动近 10 万人就业从事虫草采挖，虫草采挖季人均工资达 1 万多元，实现人均年收入增收近 5000 元，受益农牧民 200 多万人，实现劳动收益 120.1 亿元（耿国彪，2022）。依托草原优美的自然景观、悠久的历史文化、丰富的民俗活动，草原地区积极寻找绿水青山转换为金山银山的路径，大力发展草原文旅产业，做大做强草原文旅品牌。内蒙古苏尼特右旗年接待游客近 20 万人次，实现旅游收入近 5000 万元。南方草原大省四川更是提出了到 2025 年，草原旅游业产值要保持年均 15% 的增速，达到 1500 亿元的目标。

（三）文化功能

草原文化是世代生息在草原地区的先民、部落、民族共同创造的一种与草原生态环境相适应的文化。千百年来，草原上丰美的水草哺育了马背上的民族，也孕育了北方地区绚烂的草原文化。草原文化具有鲜明的地域特色和浓厚的民族特征，草原是草原文化发祥地和承载地，草原上的各民族是草原文化的创造者和传承者。草原文化包括草原人民的生活和生产方式以及与之相适应的社会制度、价值体系、思想观念、民风民俗、宗教信仰、艺术形态等（国家林业和草原局草原管理司，2022）。草原文化是中华文化的主源之一，从地域文化角度来看，与黄河流域文化、长江流域文化一同构成了源远流长、璀璨多姿的中华文化。草原文化中的服饰、饮食、歌舞、娱乐、文学艺术、体育竞技、工艺、祭祀、节庆等都已经融入人们的日常生活，也体现在旅游、影视传媒、体育娱乐、文博会展、特色建筑、特色产品加工等产业中，潜移默化地影响着人们的衣食住行（国家林业和草原局草原管理司，2022；樊潇，2022）。蒙古包、蒙古袍、那达慕、摔跤、赛马、马头琴、呼麦、红山玉龙、草原英雄小姐妹等已成为人们耳熟能详的草原文化标志性符号。因此，传承、发扬、利用好历史悠久、内涵丰富、风格独特的草原文化，对增强中华民族的凝聚力和影响力具有重要意义。

（四）社会功能

草原主要分布在生态屏障区、偏远边疆区、少数民族聚居区和贫困人口集中分布区，具有"四区"叠加的特点。由于历史因素和自然条件限制，草原地区往往经济社会发展较为落后，草原成为当地人赖以生存的生产生活资料（樊潇，2022）。作为重要的自然资源，草原具有极其重要的生态价值、经济价值及文化价值，有着将绿水青山转换为金山银山的天然优势，通过畜牧生产、生态旅游等方式，促进草原人民实现脱贫增收，改善生活环境，提高生活水平，体现出其应有的社会价值（耿国彪，2022）。

习近平总书记指出："森林和草原对国家生态安全具有基础性、战略性作用，林草兴则生态兴。"党的二十大报告指出，要推行"草原森林河流湖泊湿地休养生息"。加强草原保护修复，提高草原数量，提升草原质量，守住"水库、钱库、粮库、碳库"，将更好发挥草原增进民生福祉、提高人民生活品质的社会功能。

第二节　草原分布

一、世界草原资源分布

世界土地面积约130亿公顷，其中草原面积约31.96亿公顷，占世界陆地面积的 24.53%。亚洲的草原面积最大，为 10.78 亿公顷，占世界草原面积的 34.65%（表 1-1）。中国草原面积位居世界第一，约占世界草原面积的 9%，见表 1-2（国家林业和草原局草原管理司，2022）。

表 1-1　世界各大洲永久性草地和牧场面积情况

排序	地区	土地面积（千公顷）	永久性草地和牧场（千公顷）	永久性草地和牧场占土地面积的比例（%）
总计	世界	13030087.28	3196029.68	24.53
1	亚洲	3110576.34	1077881.76	34.65
2	非洲	2990310.79	842870.15	28.19
3	美洲	3866091.60	759561.87	19.65
4	大洋洲	849607.80	341922.97	40.24
5	欧洲	2213500.75	173792.92	7.85

注：数据来源于联合国粮食及农业组织（FAO）网站统计数据（http://www.fao.org/home/），数据更新至 2019 年。

表 1-2　世界主要国家草地面积情况

排序	国家	草地面积（千公顷）	排序	国家	草地面积（千公顷）
1	中国	288491.35	11	阿富汗	24677.61
2	美国	200952.93	12	南非	24361.37
3	俄罗斯	160741.53	13	苏丹	24189.49
4	加拿大	160353.27	14	马达加斯加	21840.46
5	澳大利亚	139535.84	15	巴基斯坦	19012.51
6	哈萨克斯坦	87858.98	16	墨西哥	18064.86
7	巴西	69630.95	17	委内瑞拉	18053.27
8	纳米比亚	39651.64	18	安哥拉	17154.47
9	蒙古	34097.06	19	哥伦比亚	16890.13
10	印度	25180.72	20	秘鲁	16574.72

注：数据来源于联合国粮食及农业组织（FAO）网站统计数据（http://www.fao.org/home/），数据更新至 2019 年。

二、我国草原资源分布

我国草原主要分布于青藏高原和北方干旱半干旱区，草原面积较大的省份（也称六大牧区）有 6 个，分别是西藏、内蒙古、新疆、青海、甘肃和四川，面积共计 37.46 亿亩，占全国草原面积 94.41%（国家林业和草原局，2022）。

（一）草原面积

20 世纪 80 年代第一次全国草地资源普查结果显示：我国草原面积近 60 亿亩，约占国土面积的 41.7%。第三次全国国土调查结果显示：我国草地面积 39.68 亿亩（表 1-3、图 1-1），其中，天然牧草地 31.98 亿亩，占 80.59%；人工牧草地 0.087 亿亩，占 0.22%；其他草地 7.61 亿亩，占 19.19%。

表 1-3　第三次全国国土调查草地面积分布

统计单位	草地面积（万公顷）	统计单位	草地面积（万公顷）
全国	26453.01	河南省	25.70
北京市	1.45	湖北省	8.94
天津市	1.50	湖南省	14.05
河北省	194.73	广东省	23.85
山西省	310.51	广西壮族自治区	27.62
内蒙古自治区	5417.19	海南省	1.71
辽宁省	48.72	重庆市	2.36
吉林省	67.47	四川省	968.78
黑龙江省	118.57	贵州省	18.83
上海市	1.32	云南省	132.29
江苏省	9.36	西藏自治区	8006.51
浙江省	6.35	陕西省	221.03
安徽省	4.79	甘肃省	1430.71
福建省	7.49	青海省	3947.09
江西省	8.87	宁夏回族自治区	203.10
山东省	23.52	新疆维吾尔自治区	5198.60

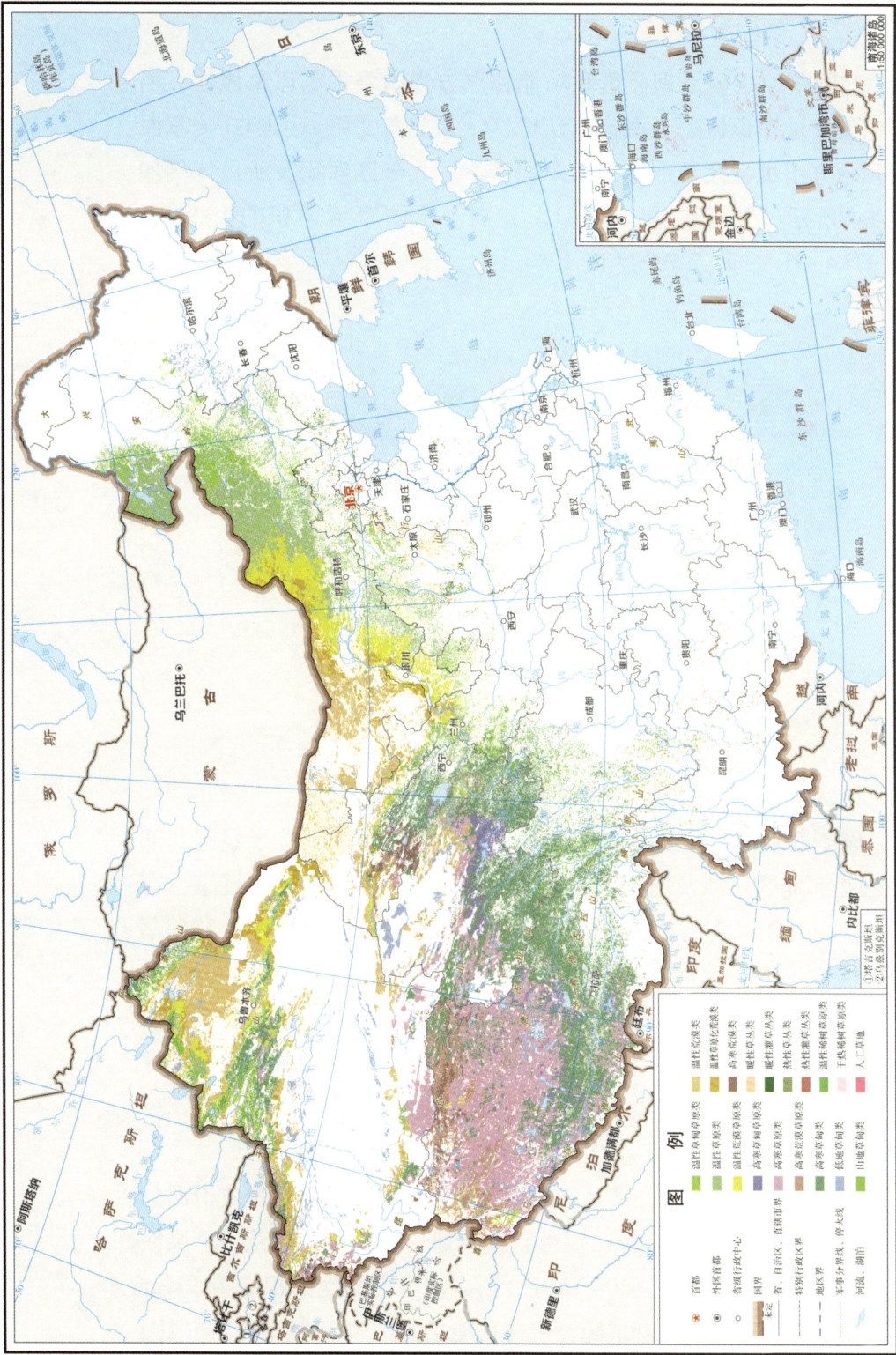

图 1-1　全国草地类型分布

（二）草原分区

我国草原根据地理分区和功能特点分为内蒙古高原草原区、西北山地盆地草原区、青藏高原草原区、东北华北平原山地丘陵草原区和南方山地丘陵草原区五大草原区，五大分区面积及所占比例如图 1-2 所示（董世魁等，2022），分别占全国草地面积的 19.99%、24.97%、51.36%、2.59% 和 1.10%。

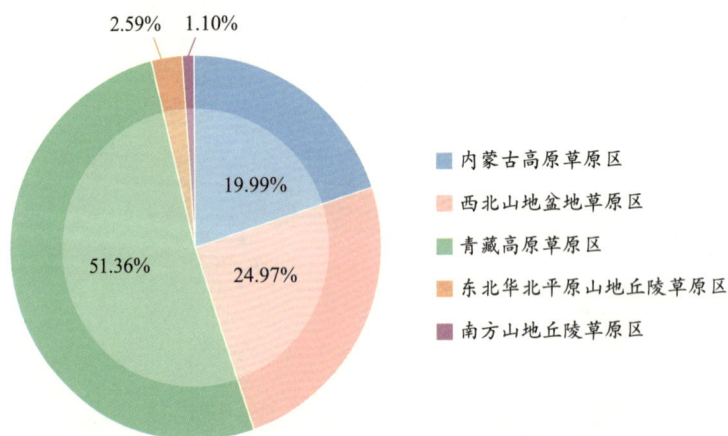

图 1-2 草原五大分区面积占全国草地面积比例

1. 内蒙古高原草原区

属于欧亚温性草原区的一部分，地处蒙古高原，位于我国北部和东北部地区，涉及内蒙古、宁夏、陕西、山西、河北、辽宁、吉林和黑龙江等 8 省份部分市（县），草原类型从东向西由温性草甸草原、温性草原、温性荒漠草原、温性草原化荒漠到温性荒漠过渡。该区草地面积 5286.6 万公顷，占全国草地面积的 19.99%，是我国北方重要生态安全屏障，主体功能为防风固沙、土壤保持。分布有呼伦贝尔草原和锡林郭勒草原等天然牧场，是我国重要的畜牧业基地。

2. 西北山地盆地草原区

位于我国西北地区，涉及新疆全境及甘肃和内蒙古 2 个省份部分市（县），分布有温性草原、温性荒漠草原、温性草原化荒漠、温性荒漠等。该区草地面积 6604.32 万公顷，占全国草地面积的 24.97%，是我国西北部重要的生态屏障，主体功能是生物多样性保护、防风固沙和水源涵养，对于维护边疆稳定和生态安全具有十分重要的意义。

3.青藏高原草原区

位于我国西南部的青藏高原，涉及西藏和青海2个省份全境及甘肃、四川和云南3个省份部分市（县），分布有高寒草甸、高寒草甸草原、高寒草原、高寒荒漠草原等。该区草地面积13587.01万公顷，占全国草地面积的51.36%，是长江、黄河、澜沧江、雅鲁藏布江等大江大河的发源地，是我国水源涵养、补给和水土保持的核心区，也是生物多样性热点保护区域，主体功能是水源涵养、生物多样性保护和土壤保持。

4.东北华北平原山地丘陵草原区

位于我国东北和华北地区，涉及河南、北京、天津和山东4个省份全境及甘肃、宁夏、陕西、山西、河北、辽宁、吉林和黑龙江等8个省份部分市（县），分布有温性草甸草原、温性草原、低地草甸、暖性草丛、暖性灌草丛等。该区草地面积684.11万公顷，占全国草地面积的2.59%，主体功能是水源涵养、土壤保持和防风固沙，草原植被盖度较高、天然草原品质较好、产量较高，是草原畜牧业较为发达的地区，发展人工种草和草产品生产加工业潜力较大。

5.南方山地丘陵草原区

位于我国南部地区，涉及上海、江苏、浙江、安徽、福建、江西、湖南、湖北、广东、广西、海南、重庆、贵州等13个省份全境及四川、云南2个省份部分市（县），分布有山地草甸、热性草丛、热性灌草丛等。该区草地面积290.92万公顷，占全国草地面积的1.10%，主体功能是水源涵养、土壤保持和生物多样性保护，水热资源丰富，草原植被生长期长，单位面积产草量较高，在防止丘陵地区山地石漠化、遏制水土流失方面发挥着重要作用。

（三）草原类型

我国草原类型丰富多样，分为6个类组（草原、草甸、荒漠、灌草丛、稀树草原、人工草地)20个类*，草原类型是温性草甸草原、

---

* 20类中的沼泽草甸，是指在地势低洼、土壤过湿的生境条件下，由湿中生多年生草本植被为主，组成的一种草地类型，与第三次全国国土调查湿地地类中的沼泽草地相对应。

温性草原、温性荒漠草原、高寒草甸草原、高寒草原、高寒荒漠草
原、高寒草甸、低地草甸、山地草甸、沼泽草甸、温性荒漠、温性
草原化荒漠、高寒荒漠、暖性草丛、暖性灌草丛、热性草丛、热性
灌草丛、干热稀树草原、温性稀树草原和人工草地（国家林业和草
原局，2022）。

我国草原面积较大的有高寒草甸、高寒草原、温性草原、温性
荒漠、温性荒漠草原等五类，占全国草原总面积的 75.64%（图 1-3）。

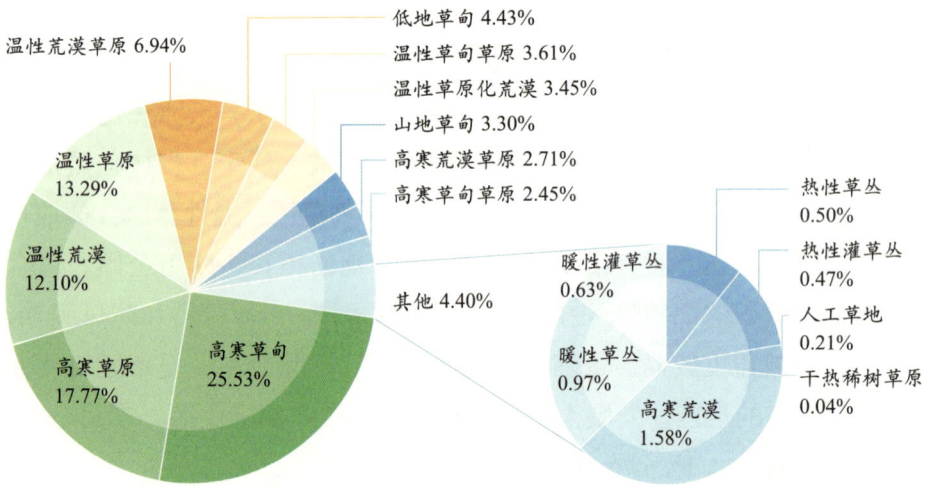

图 1-3　各草原类占全国草地面积比例

（四）草原分级

我国草原幅员辽阔、类型多样、差别较大。按照可量化监测指
标数值，划分出不同区间档次，对草原进行分级。按照草原健康程
度可分为健康、亚健康、不健康、极不健康；按退化程度分为未退
化、轻度退化、中度退化、重度退化；按草原单产高低分为高产、
中产、低产等；按草畜关系分为严重超载、中度超载、轻度超载、
基本平衡等。

第三节　草原保护和修复

一、草原保护修复面临的问题

（一）草原生态系统十分脆弱

我国草原主要分布在北方干旱半干旱地区和青藏高原地区，自然环境十分严酷，草原生态系统一旦遭受破坏，恢复十分困难。受人为不合理开发利用和全球气候变化的双重影响，草原生态系统退化问题仍十分突出。

（二）草原保护与开发利用矛盾依然突出

一些地方片面强调经济发展的观念还没有根本扭转，以牺牲草原生态换取经济利益的现象还没有得到根本遏制，非法开垦草原、非法占用草原、非法采挖草原野生植物等行为屡禁不止，草原超载过牧问题还未得到根本解决。

（三）草原工作基础差

草原执法监管力量薄弱，特别是基层草原执法监管队伍和力量不足，与承担的草原保护管理任务不相适应。草原科研力量薄弱，科技支撑能力不强。

（四）草原保护修复投入严重不足

草原生态保护建设工程普遍存在建设标准低、内容单一问题，退化草原修复等十分迫切的建设内容尚缺乏资金支持。草种良种繁育，特别是治理退化草原急需的乡土草种繁育缺少必要投入（国家林业和草原局草原管理司，2022）。

二、草原保护修复指导思想与原则

（一）指导思想

以习近平新时代中国特色社会主义思想为指导，深入贯彻习近平生态文明思想，牢固树立"绿水青山就是金山银山""山水林田湖草沙一体化保护和系统治理"理念，坚持节约优先、保护优先、自然恢复为主的方针，以完善草原保护修复制度、推进草原治理体系和治理能力现代化为主线，加强草原保护管理，推进草原生态修复，指导草原合理利用，改善草原生态状况，推动草原地区绿色发展，为建设生态文明和美丽中国奠定重要基础。

（二）原 则

1. 坚持尊重自然，保护优先

遵循和顺应生态系统演替规律和内在机理，推行草原休养生息，维护自然生态系统健康稳定。坚持宜林则林、宜草则草、林草有机结合。把保护草原生态放在更加突出的位置，全面维护和提升草原生态功能。

2. 坚持系统治理，分区施策

采取综合措施全面保护、系统修复草原生态系统，同时注重因地制宜、突出重点，增强草原保护修复的系统性、针对性和长效性。

3. 坚持科学利用，绿色发展

正确处理保护与利用的关系，在保护好草原生态的基础上，科学利用草原资源，促进草原地区绿色发展和农牧民增收。

4. 坚持政府主导，全民参与

明确地方各级人民政府保护修复草原的主导地位，落实林（草）长制，充分发挥农牧民的主体作用，积极引导全社会参与草原保护修复。

三、草原保护修复目标

到 2025 年，草原保护修复制度体系基本建立，草畜矛盾明显缓

解，草原退化趋势得到根本遏制，草原生态状况持续改善；到 2035
年，草原保护修复制度体系更加完善，基本实现草畜平衡，退化草
原得到有效治理和修复，草原生态功能和生产功能显著提升，在美
丽中国建设中的作用彰显；到 21 世纪中叶，退化草原得到全面治理
和修复，草原生态系统实现良性循环，形成人与自然和谐共生的新
格局。

四、草原保护修复体系与措施

（一）保护体系

根据草原的定位、重要程度、保护利用强度不同，将全国草原
纳入生态红线及自然保护地、基本草原、其他草地、人工草地等不
同空间类型，实行差别化管控措施，构建草原保护体系（表 1-4）。

表 1-4　草原保护体系

类别	保护内容	保护模式
生态保护红线内草原	自然保护地内草原	按照《国家公园管理暂行办法》《中华人民共和国自然保护区条例》《国家级自然公园管理办法（试行）》，以及自然公园现有的管理办法及条例严格保护管理自然保护地范围内的草原
	其他生态保护红线内草原	按《关于加强生态保护红线管理的通知（试行）》规定执行
基本草原	具有特殊生态功能的草原、重要放牧场、打草场等区域	推进《基本草原保护条例》制定，严格管制征占用基本草原
国有草场内草原	生态脆弱、区位重要、集中连片的退化草原和荒漠化草原	尽快制定出台《国有草场管理办法》保护草原，规范合理利用方式
人工草地	生态功能极为重要的人工草地	划入生态保护红线，按照生态保护红线管理相关规定予以严格保护
	部分生态功能重要，服务于畜牧业生产的人工草地	划入基本草原，按照基本草原保护管理的相关规定进行保护
	其他人工草地	按照《草原法》进行管理

（续）

类别	保护内容	保护模式
城镇草地（城市草坪）	一般城镇草地（城市草坪）	将城市草坪保护、管理与利用纳入《草原法》管理范畴，明确城市草坪和城镇草地在类型上就是草原
	涵养水源、保持水土、美化环境等生态效益突出，以及用作科研、教学实验的特殊城镇草地（城市草坪）	纳入基本草原，按照基本草原保护管理的相关规定进行保护
其他草地	具有极其重要生态功能和科研价值的其他草地	纳入生态保护红线，按照生态保护红线管理相关规定予以严格保护，或划为基本草原，按照基本草原保护管理的相关规定进行保护
	其他草地	按照《草原法》等法律法规严格保护管理

（二）修复体系

草原修复体系由生态评价体系、工程措施体系、政策保障体系、组织保障体系、物资保障体系、管理评估体系和成果管护体系构成。

1．生态评价体系

开展草原健康与生态变化评价及草原健康评价，明确草原退化面积和位置，划分退化等级（重度、中度、轻度），形成草原退化分布图，为草原生态修复治理提供依据，使各项修复措施精准落实到山头地块，实现精细化修复治理。

2．工程措施体系

针对我国草原退化的实际情况，积极开展退化草原生态修复、退牧还草、草原生态质量精准提升、草原自然公园建设、国有草场建设、乡村种草绿化示范、河湖堤岸草带建设和草原生态保护修复支撑等草原生态修复八大工程。

3．政策保障体系

加大对草原生态修复政策和资金的支持力度，国家财政设立草原生态修复治理补助，用于支持退化草原生态修复治理、草种繁育、草原有害生物防治等相关内容。开展草原生态修复金融创新政策研究，制定鼓励社会资本开展草原生态修复的政策措施，鼓励和引导社会资本进入草原生态修复领域。

4．组织保障体系

全国草原生态修复工作由国家林业和草原局统一部署，地方林业和草原行政主管部门负责组织实施本行政区域草原生态修复实施工作。局属调查规划单位分区指导草原生态修复并开展修复成效评价，有关科研院所承担生态修复技术支撑服务任务。

5．物资保障体系

开展草原生态修复离不开乡土草种和大型草原机械设备，建立起种质资源、育种、草种生产等草种育繁推一体化体系，解决草种业的各个环节脱节、乡土草种缺乏等问题。开展科技攻关，研发适合草原地区生态修复的机械设备，建立草原生态修复机械设备研发试验推广体系，为大规模开展草原生态修复打下物质基础。

6．管理评估体系

开展草原围栏、草原改良、人工种草、飞播种草、草种繁育基地建设等各项草原生态修复措施的标准规范研究，明确各项措施的技术要求，形成草原生态修复技术标准规范体系。开展草原生态修复工程项目管理，编制草原生态修复工程项目管理信息系统，开展种草改良任务"上图入库"工作。开展草原生态修复工程项目督导检查工作，依托国家林业和草原局直属规划院等对工程项目效益进行评估，了解项目实施情况。

7．成果管护体系

创新管理机制，制定相关政策，依托草原自然公园和国有草场建设，落实草原生态修复成果管护责任，对修复好的草原进行严格管理。加强草原监督执法力度，将草原生态修复工程项目区作为草原执法重点区域，严格落实草畜平衡和草原休牧措施，保护草原生态修复取得的成果。

（三）修复措施

2000年以来，党和国家高度重视草原保护建设工作，累计投入中央财政资金2200多亿元，实施了草原生态补奖、退牧还草、京津风沙源治理、农牧交错带已垦草原治理、退耕还林还草、西南岩溶地区石漠化综合治理、草原防火等一系列草原保护修复工程及政策（表1-5）。

表 1-5 草原生态保护修复工程及政策

序号	工程项目
1	天然草原植被恢复与建设工程
2	种子基地建设工程
3	草原围栏工程
4	退牧还草工程
5	草原防火建设工程
6	京津风沙源治理工程
7	岩溶地区石漠化综合治理工程
8	退耕还林还草工程
9	农牧交错带已垦草原治理工程
10	游牧民定居工程
11	西藏生态安全屏障保护与建设工程
12	育草基金项目
13	飞播牧草项目
14	草原监测项目
15	牧草保种项目
16	西藏草原生态保护奖励机制试点项目
17	草种质量安全监管项目
18	南方现代草地畜牧业发展项目
19	无鼠害示范区项目
20	虫灾补助项目
21	草原生态保护补助奖励政策
22	行业管理基本业务经费
23	抗灾救灾资金
24	边境防火隔离带补助资金

　　加强草原保护工作包括加大草原保护力度和完善草原自然保护地体系 2 条工作措施：一是要建立基本草原保护制度，严格落实生态保护红线制度和国土空间用途管制制度，加大执法监督力度，建立健全草原执法监督责任追究制度，严格落实草原生态环境损害赔偿制度，完善落实禁牧休牧和草畜平衡制度，组织开展草畜平衡示范县建设。二是要在生态系统典型、生态服务功能突出、生态区位

特殊、生物多样性丰富、自然景观和文化资源独特的草原区域，整合优化自然保护地，实行整体保护、严格管理。

加强草原修复工作包括加快推进草原生态修复、统筹推进林草生态治理和大力发展草种业等3条工作措施：一是要实施草原保护修复治理，针对不同区域采取补植治理方法和模式，强化草原生物灾害、草原火灾的监测预警和防控，加快退化草原植被和土壤恢复，提升草原生态功能和生产能力。二是要按照山水林田湖草沙整体保护、系统修复、综合治理的要求和宜林则林、宜灌则灌、宜草则草、宜荒则荒的原则，统筹推进森林、草原保护修复和荒漠化、沙化土地治理。三是要建立健全国家草种质资源保护利用体系，加强优良草种，特别是优质乡土草种选育、扩繁、储备和推广利用，满足草原生态修复用种需要。

第二章
新时期草原监测评价体系

第一节　中国草原监测历程

　　我国草原监测经历了新中国成立初期草地资源的区域调查研究、20世纪80年代全国草地资源的统一调查研究及农业部在2017年启动的全国草地资源清查工作等历史阶段。2018年，党和国家机构改革将草原监督管理职责从原农业部划转到新组建的国家林业和草原局，草原发展由生产为主向生态保护为主转变，草原监测进入新的发展阶段。

一、起步探索阶段

　　20世纪初，我国逐步开始植物学的高等教育和研究工作，植物分类学家胡先骕在《世界植物地理》一书中概述了我国草原的分布情况，并与钱崇澍、邹秉文合编我国第一部专供大学生物学系使用的《高等植物学》教材。1930年，我国植物生态学与地植物学的创始人之一李继侗在《植物气候组合论》一文中阐述了我国森林、草原、荒漠的分布。植物分类学家刘慎谔在《中国西部和北部的植物地理》《河北渤海湾沿岸植物分布之研究》和《云南植物地理》等著作中概述了当时我国的草原地理情况。植物学家郝景盛考察青海地区植被状况，在青海湖东部和南部，以及黄河源以西的地区采集植物标本，并著有《青海湖地区之植被》。20世纪30年代后期，秦仁昌、耿以礼、焦启源等人对草地植物也进行了较为详细的研究并出版有相关著作。

20 世纪 40 年代，地理学家黄秉维、植物学家钟补求、生态学家侯学煜等人对植被型的地理分布进行了更为详细的论述。植物生态学家曲仲湘、植物生态群落学家闻洪汉等人开始采用群落学方法研究草地。

新中国成立前，只有王栋于西北农学院和中央大学农学院、蒋彦士于北京大学农学院和金陵大学农学院讲授牧草学，饲草植物只在前中央农业实验所、畜牧实验所、东北农事试验场等处有一定研究。新中国成立前我国草地学研究基本处于空白。

新中国成立后，我国草原调查监测主要依靠植物地理学的研究基础逐步发展起来。1950 年起，宁夏、甘肃、青海、新疆、陕北陆续开始进行畜牧业和草原方面的调查工作。1951—1954 年，草地学家贾慎修和植物学家崔友文、钟补求对西藏的草地和草地植物进行了调查，取得新中国成立后第一批有关草地资源科学方面的调查成果。1952 年，牧草学家王栋和植物学家李世英、汤彦丞等对锡林郭勒盟乌珠穆沁草原进行了路线考察，记录牧草种类，描述草原类型。20 世纪 50 年代初，王栋对甘肃草原进行调查并编写了《皇城滩和大马营草原调查报告》。1955 年，植物生态学家李继侗领导了内蒙古呼伦贝尔谢尔塔拉牧场的草原调查。上述老一辈草地学家和植物学家是我国草地资源调查的开创者。

1955—1958 年，新疆维吾尔自治区畜牧厅组建草原队先后对阿尔泰山、天山、帕米尔高原、昆仑山地区天然草地进行调查，描述草地自然条件和草地类型，测定产草量、按季节牧场进行牲畜配置规划，绘制草地蓝晒图。成果有《1∶150 万草场类型图》《新疆天然草场资源及其载畜量》，列出了各类草场面积、季节草场的分布及其载畜能力，并对草地质量进行了评价。

1956—1959 年，内蒙古自治区畜牧厅草原管理局组建草原队对内蒙古自治区草地开展首次大规模调查。本次调查属于概查性质，调查范围限于部分草地畜牧业重点旗（县），重点是草地植被和土壤。调查成果主要用于制定国营畜牧场规划。

1956 年，青海省进行首次草地资源普查，重点调查草地类型及分布，成果有《1∶150 万青海省天然草场类型图》和《青海省季节牧场利用现状图》。20 世纪 50 年代后半期，对甘南草地和祁连山草地进行重点调查，主要成果有《甘肃省草原概况》"甘肃省各专州各类型草原生产力估算表"和《1∶100 万甘肃省草原分布略图》。

20 世纪 50 年代中后期，中国科学院与有关单位组织了一系列大规模自然资源综合科学考察队。其中，设有草地资源或草地植被调查专业的考察队主要有黄河中游水土保持综合考察队、新疆综合考察队、青海甘肃综合考察队、西藏综合考察队、西南地区综合考察队、青藏高原综合科学考察队等。这些考察队完成了我国北部和西部天然草地的首次宏观调查，取得一批宝贵的第一手草地调查资料和科研成果，培养了一批新中国青年草地科技人才，为以后的全国草地资源统一调查奠定了基础。

20 世纪 50 年代中后期的草地资源调查手段仍较为简单，调查范围大小不一，调查目的和重点、调查内容和精度不尽一致。大多数调查依靠地形图控制，多采用骑马或步行进行路线调查。除调查草地植物外，还根据草地水热条件、地带性植被、土壤和地形划分草地类型，在地形图上量算草地面积，使草地调查具有草地资源调查性质。这一时期的草地调查虽然方法和手段较为落后，调查成果精度也各有差异，但调查成果和宝贵的第一手实测资料为当时重点牧场的总体规划、草地建设方向、草地勘测与设计、重点牧区的草地畜牧业生产起到了关键性指导作用。

内蒙古、宁夏综合考察队于 1961—1964 年完成内蒙古自治区及其东西部毗邻区天然草地外业调查并进行内业总结，1973 年作补充调查继续总结，1974 年完成《内蒙古自治区及其东西部毗邻地区天然草场》专著、《1∶100 万内蒙古自治区及其东西部毗邻地区天然草场类型图》《内蒙古自治区及其东西部毗邻地区天然草场资源统计册》。本次调查查清了内蒙古自治区草地资源的数量、质量和分布，对 70 年代和 80 年代内蒙古自治区的草地畜牧业生产、草原规划与建设、草地教学起到了极其重要的作用。《内蒙古自治区及其东西部毗邻地区天然草场》全面系统地论述了内蒙古自治区天然草地的自然条件，划分了草地类型，进行了草地营养和等级评价，具有较高的学术价值。以中国科学院各综合考察队为主进行的区域性草地资源调查，基本上查清了我国北方和西部牧区的天然草地资源，为这些地区的草地畜牧业生产建设与规划提供了可靠的科学依据。

20世纪60年代开始的草地资源调查逐步采用航片影像识别成图，制图精度得到提高。同时特别注意，草地资源调查与草地畜牧业生产相结合，为发展草地畜牧业服务。以等级评价、生产力评价、营养评价、利用评价、立地条件评价为中心的草地资源评价理论和方法初步形成，草地资源调查方法更趋完善和系统。

二、统一调查阶段

1978年，国务院设立全国农业自然资源调查和农业区划委员会，加强对农业自然资源的调查与区划工作。1979年，国家科委、国家农委根据《全国科学技术发展规划纲要（1978—1985年）》和《全国基础科学发展规划》要求，下达首次全国草地资源统一调查和编制1:100万中国草地资源图任务，1979年下半年全国草地资源的统一调查启动。中国科学院和中国农业科学院分别设立了南方草场资源调查科技办公室和北方草场资源调查办公室，对全国草地资源调查进行技术指导和协调。本次全国草地资源调查历经十余年，调查范围覆盖全国2000多个县（区、旗），95%以上的国土（仅东部极少数平原农区和城镇、工矿区未做调查）。调查属于草地资源详查性质，分3种区域控制调查精度。

（1）农业县采用1:5万地形图作为工作底图，平均每5000公顷调查面积设计一个调查测产样地。

（2）重点牧业县、半农半牧县、林业县采用1:10万地形图作为工作底图，平均每8000公顷调查面积设计一个调查测产样地。

（3）草地面积广阔的一般纯牧业县采用1:20万地形图作为工作底图，平均每10000公顷调查面积设计一个调查测产样地。

全国共划分出11片重点牧区草地，即内蒙古自治区的呼伦贝尔草地、科尔沁草地、锡林郭勒草地和乌兰察布草地，新疆维吾尔自治区的伊犁草地和阿勒泰草地，黑龙江省和吉林省西部的松嫩草地，四川省西北部的阿坝草地和甘孜草地，青海省环湖（青海湖）草地和甘肃省甘南草地，按《全国重点牧区草场资源调查大纲》和《全国重点牧区草场资源调查技术规程》的规定进行调查；南方各地和农业县按《中国南方草场资源调查方法导论及技术规程》的规定进行调查。采用常规地面调查与草地遥感相结合的调查方法，按不同调查区域的精度控制，均匀布置调查测产样地，同时结合进行路线调查和山地垂直带草地调查。农区的小块零星草地采用典型抽样进行调查。

各省份草地资源调查自1980年先后开展，每年召开1~2次全国性调查技术工作会议，进行学术交流统一认识。此次调查还采集部分草本植物标本，编写了草地植物目录，发现了一批草地饲用植物新种，分析了一批草地牧草的营养成分，有些地区还编制了草地退化图、草地分区图。首次查清了我国草原资源的数量、质量和空间分布，对草地进行了评价和区划，发现了一批草地牧草新品种，为我国草原资源的开发利用提供了可靠的科学依据。

调查取得三类基本成果。

（1）草地资源图件。县级1：10万（农区1：5万、牧区1：20万）、地区级1：20万、省级1：50万草地类型图、草地等级图和草地利用现状图。

（2）草地资源统计数据。以县（区、旗）为单位，含有各类型草地面积、产草量和载畜量等数据的草地资源统计册或计算机数据库。

（3）文字报告。阐述草地资源质量、区域分布、利用现状、生产潜力的草地资源调查报告，出版了《西藏自治区草地资源》《内蒙古草地资源》《新疆草地资源及其利用》等一批阐述省级区域草地资源方面的学术专著。此外，编写了草地植物目录，发现了一批草地饲用植物新种，分析了一批草地牧草的营养成分，有些地区还编制了草地退化图、草地分区图（陈全功，2008）。

此外，全国草地资源调查主要成果有《1：100万中国草地资源图集》《中国草地资源数据》《中国草地饲用植物资源》和《中国草地资源》。其中，《中国草地资源》上报全国人民代表大会环境资源委员会。这些是全国整体草地资源的第一批成果，具有划时代的意义。

此次全国统一草地资源调查，手段更加先进，草地遥感技术、草地资源数据处理和数据库技术得到成功应用；增加草地类型数量分类，开展可用于指导生产的草地资源评价和草地开发利用研究工作；由单纯野外调查逐步走向野外调查与定位研究、实验室分析相结合的道路；采用遥感制图和系列制图技术，提高了草地成图精度。

全国草地资源调查历时 15 年，全国农业系统的草地科研、技术推广与教学单位、中国科学院有关研究所的数十名专家、教授与上万名科技人员，参与承担并完成这项工作。全国草地资源统一调查，对国民经济计划的宏观决策、草地规划与建设、国土整治与环境保护、草地科学研究与教育，都具有深远的意义。

三、系统监测阶段

进入 21 世纪以前，草原工作相对零散，不够系统。农业部草原监理中心于 2003 年成立，承担着组织协调和指导草原监测工作的任务，2005 年开始发布全国草原监测报告。十多年来，在农业部的统一组织下，重点对全国草原植被生长状况、生产力、利用状况、灾害状况、生态状况和保护建设工程效益等进行了监测分析，并于 2006—2018 年连续 13 年发布了《全国草原监测报告》，为评估草原生态状况、草原生态补助奖励政策实施效果、完善草原扶持政策、加强草原监督执法等提供了科学依据。在全国草原监测工作的带动下，四川、新疆、西藏、内蒙古、辽宁、云南等主要草原省份及部分牧区（县）也采取每年向社会公开发布省域、县域草原监测报告。

2006 年以来，全国草原监测工作经过不断的探索和实践，在工作组织、任务部署、技术培训、数据质量审核把关、数据报送、结果会商、信息报告发布等方面，形成了一整套相对成熟的工作机制，大大提高了草原监测的工作效率，保证了监测工作的质量。工作组织方面，形成了由草原行政管理部门负责，以草原监测工作机构为主体，相关技术单位为支撑，各级草原技术人员广泛参与的草原监测工作机制。工作任务安排部署方面，农业部每年印发全国草原监测实施方案和工作安排，并于每年春季组织召开全国草原监测工作会议，对草原监测工作进行全面部署。各地按照农业部的部署和要求，逐级制定工作方案，分解落实工作任务。通过专家、领导双审核、地、省、国家三级审核以及网络报送的方式，极大地提高了地面监测数据质量和数据报送、管理效率。每年监测结果初步形成后，邀请草原专家和重点牧区监测工作负责同志进行专家会商，大大增加了报告的权威性和科学性。经过多年草原监测工作的开展，各级草原监测机构的工作职能得到强化，监测力量不断增强，培养锻炼了一支专业性较强的草原监测队伍。截至 2011 年，全国共有县级以上草原监测机构 997 个，承担地面监测工作的省份达到 23 个，各级草原监测工作人员增加至 4000 余人。

（一）标准化、规范化

2006 年以来农业部（现农业农村部）先后组织制定了《草原资源与生态监测技术规程》（NY/T 1233—2006）、《天然草原等级评定技术规范》（NY/T 1579—2007），组织编制了《全国草原监测技术操作手册》，使全国各级草原监测技术人员能够按照统一的标准和方法开展监测工作（中国草原发展报告，2013）。此外，组织制定《草原沙化监测技术规程》、修订《天然草地合理载畜量的计算》（NY/T 635—2015）。每年举办全国草原监测技术培训班，邀请知名草原监测专家，就草地类型划分、牧草种类识别、地面监测实用技术、固定监测点常用监测方法、"3S"技术应用等方面，对各省份草原监测技术骨干进行培训，并先后编印了《全国草原监测培训教材》《国家级草原固定监测点数据管理系统用户操作手册》《草原类型和主要牧草信息系统用户操作手册》等。同时，各地也组织了不同形式的培训班，大大提高了监测技术人员的工作水平。通过监测业务工作的开展和每年定期举办监测技术培训，草原监测人员的业务能力和水平不断提高，草原监测标准化、规范化水平显著提高。

（二）信息系统建设

2006 年以来，草原监测已广泛应用"3S"技术、数据库、网络等信息与空间技术，信息化建设取得了重要进展。开发建设了"中国草原网""中国草业网"，网站集成了草原管理信息系统和草原地理信息系统，实现了集监测数据采集管理、动态信息实时发布、草原监测工作展示等于一体的综合网络平台。针对草原地面监测数据多、信息量庞大的状况，先后开发了"草原监测信息报送管理系统（单机版、网络版）""草原类型和主要牧草信息系统""草原监测基础数据库录入和管理系统""草原监测空间信息管理与分析系统""草原生态保护与建设工程监测系统""草原蝗虫监测预警系统""草原生物灾害监测与治理信息统计分析系统""草原基础数据统计软件""鼠虫害地面调查 PDA 录入软件"和"工程监测地面调查 PDA 录入软件"等 10 多个专题软件和模块，通过数据汇总、管理、分析等功能的集成，形成了"农业部草原监测信息系统"。

同时，建立了一支信息管理和服务队伍，提高了草原监测自动化程度，实现了监测数据的实时报送、即时审核，大大提高了地面监测数据的质量和报送效率。利用信息技术集成了大量的数字化基础图件和数据资料，主要包括 20 世纪 80 年代第一次全国草原调查数据和《1∶100 万草地资源图》、2000—2003 年全国草原面积遥感快查数据和《1∶50 万草原类型图》、7130 余种植物的"全国草原植物资源数据库"、1999—2009 年覆盖全国的 TM 遥感影像 800 余景、2002—2009 年全国 MODIS 影像等。

（三）动态监测预警

及时掌握草原生产动态，在草原牧草关键生长期开展动态监测，是草原监测工作与时俱进、增强服务效能的重要手段。随着监测手段和监测服务意识的增强，草原动态监测越来越密集，越来越及时，为全国各地及时安排草原生产管理、畜牧业生产安排、应急救灾等发挥了重要信息支撑和技术指导作用。近年来，每年早春期间，开展全国草原返青形势分析预估；4～5 月，开展草原返青监测；6～8 月牧草生长季节，每月定期开展草原长势监测。在特殊气象条件下，开展冬春、夏季北方草原旱情跟踪监测（农业部草原监理中心，2015）。每一个草原生长的关键时段和敏感时期，都及时向上级提交监测动态信息，一些省份根据本级政府和草原管理工作需要，积极开展草原动态监测工作探索。例如内蒙古连续几年开展关键期监测分析，定期发布草情监测报告，及时公布部分地区天然草原冷季可食牧草储量及适宜载畜量，指导畜牧业生产和草原生态保护补助奖励政策落实。新疆 2011 年组织开展了全疆 13 个地州 70 个县冷季放牧场牧草存储量监测工作，提交了冷季放牧场载畜能力参考意见，为指导各地及时安排牲畜出栏和合理存栏发挥了重要作用。

（四）国家级草原固定监测点建设

国家级草原固定监测点是全国草原监测工作的一个重要基础环节。2006 年以来，农业部积极谋划国家级草原固定监测点建设，在征求有关省份和专家的意见后，组织编写了《国家级固定监测点建设项目可行性研究报告》，并根据地方、专家意见和建议，结合固定监测点建设的总体思路，修改完善区划设置方案。2011 年，确定在退牧还草工程中安排近 2000 万元支持建设 90 个固定监测点，在 2012 年安排剩余退牧还草工程县的固定监测点建设。为做好固定监测点建设和运行管理工作，起草编制《国家级草原固定监测点场地设施建设设计方案》，指导各地按统一要求进行场地施工，保证工程质量；起草编制《国家级草原固定监测点管理运行规范（试行）》，指导各地建立固定监测点管理制度；起草《国家级草原固定监测点监测工作业务手册》，指导各地按照统一技术要求，持续定期开展动态监测业务工作。同时，开发了国家级固定监测点数据管理系统，建立了信息管理应用平台，进一步完善固定监测网络，以便获得实时监测信息，这对于退牧还草及草畜平衡、草原家庭承包、生态补偿等各项工作的切实开展具有重要意义。

2017 年 3 月，启动开展第二次全国草原资源清查工作，并下发了《全国草地资源清查总体工作方案》，计划于 2018 年年底完成全国所有县域草原资源清查。受机构改革和其他因素影响，只有部分省份完成了外业清查工作，已完成清查工作省份的调查数据未对外公布。目前，我国还没有一套完整的草原资源基础数据。

四、新时期草原监测

2018 年，中共中央印发《深化党和国家机构改革方案》，将农业部草原监督管理职责纳入组建的国家林业和草原局。草原工作从生产部门转到生态建设保护部门，充分体现了党中央对草原生态保护工作的高度重视和统筹山水林田湖草沙系统治理的战略意图。随着国家生态文明建设的深入推进，草原功能定位由以生产为主转向以生态和生产相结合，实现了以生产服务为主到以生态保护为主的历史性转变。在此次国家机构改革中，草原监管主体部门发生了改变，草原管理目标更加关注生态、经济、社会功能的综合发挥，草原存在的一系列问题也随之凸显。新时代、新形势下，草原调查监测工作面临着新的要求和新的内容。

2018年9月，国家林业和草原局"三定"方案（职能配置、内设机构和人员编制）正式公布，国家林业和草原局负责指导草原保护工作，负责草原禁牧、草畜平衡和草原生态修复治理工作，组织实施草原重点生态保护修复工程，监督管理草原的开发利用；负责落实综合防灾减灾规划相关要求，组织编制森林和草原火灾防治规划和防护标准并指导实施，指导开展防火巡护、火源管理、防火设施建设等工作；组织指导国有林场林区和草原开展宣传教育、监测预警、督促检查等防火工作；必要时，可以提请应急管理部，以国家应急指挥机构名义，部署相关防治工作。全国草原监测报告自2019年起由国家林业和草原局继续组织相关技术力量进行编制和发布。

2020年1月，自然资源部印发了《自然资源调查监测体系构建总体方案》，明确提出：草原资源专项调查的主要任务是查清草原的类型、生物量、等级、生态状况以及变化情况等，获取全国草原植被覆盖度、草原综合植被盖度、草原生产力等指标数据，掌握全国草原植被生长、利用、退化、鼠害病虫害、草原生态修复状况等信息，每年发布草原综合植被盖度等重要数据。草原综合植被盖度、草原生物量等，由自然资源主管部门与林业和草原主管部门共同组织。草原的病虫鼠害、毒害草、生物多样性以及草原退化等，由林业和草原主管部门负责。目前，草原监测内容包括草原资源、草原植被生长状况、草原生态状况、草原生产力、草原开发利用、草原火灾、草原雪灾、鼠虫灾害、草原执法监督、草原保护建设工程效益、草原生态保护补助奖励机制等。

2021 年 6 月，国家林业和草原局全面部署国家林草生态综合监测评价工作，草原监测评价是其中的重要组成部分。国家林业和草原局草原管理司在国家林草生态综合监测评价工作领导小组的统一领导下，在前期编制的 13 个草原监测评价技术文件基础上，会同各直属院指导全国 31 个省份林草部门开展草原监测评价工作。2021 年完成草原监测样地 2.9 万个、监测样方 8.7 万个；2022 年完成草原监测样地 1.83 万个、监测样线 5.48 万条、监测样方 11.47 万个。为摸清我国草原生态状况奠定了坚实基础，为林草生态综合监测成果提供了重要技术支撑，标志着我国新时期草原监测评价工作的全面启动，并取得历史性突破和成绩。一是构建了以草原动态监测、草原基况监测、草原生态评价和应急监测为主的"四梁八柱"监测评价体系。二是在兼顾草原监测历史样地与森林资源连清样地的基础上，利用空间 / 属性双均衡抽样方法建立了全国草原抽样体系。三是首次开展草原草班、小班区划，将数据落实到山头地块。四是建立了多层级、全覆盖的草原监测数据质检体系，确保数据质量。五是加强遥感技术应用，支撑主要指标测算。六是全部指标实现小班出数，保证图数合一。七是首次系统评估了重点生态区域草原资源状况。八是汇总产出 111 套草原监测报表。九是建立支撑草原监测全流程的数据信息系统。十是培养了一批草原监测人才队伍。

经过近 30 年的探索，草原监测工作已具备了一定的基础并不断完善，形成了一年一次的监测机制，草原监测内容也日益丰富。但是，新时期下草原发展面临新形势、新任务，草原监测机制仍需进一步丰富和完善。

第二节　草原监测目的与意义

我国是一个草原资源大国，拥有各类天然草原约 2.65 亿公顷，约占全国国土面积的 27.55%。草原作为我国面积较大的陆地生态系统，是我国黄河、长江、雅鲁藏布江、怒江等主要水系的发源地，具有极其重要的经济、社会和生态效益，在国家生态文明建设和社会经济发展中发挥着重要作用。草原也是广大农牧民生产生活资料和脱贫致富奔小康的重要依托，具有生态屏障区、边疆地区、少数民族主要集聚区和贫困人口集中分布区"四区叠加"的特点，对维护我国生态安全、水资源安全、社会安全具有重大意义。

加强草原监测工作，是全面推进生态文明建设的根本要求，是落实中央生态文明各项制度的重要基础，是全面加强草原资源管理、落实《草原法》的客观需要，是实现草原生态保护、建设和合理利用的需要。

一、草原监测目的

草原监测是草原事业的基础性工作，是摸清草原资源，掌握草原生态功能、草原生产力、草原退化程度、草原灾害、草原开发利用方式等草原基本情况，评定草原保护工程效益、草原生态状况，开展草原动态监管的重要技术手段，是草原生态系统保护修复和持续利用的重要基础。开展草原监测评价，准确掌握全国草原资源与生态状况，是推进草原生态文明建设、科学保护草原资源、促进草原合理利用的前提。新时期草原监测在继承原有调查传统基础上进行了改革与创新，在技术与方法革新的背景下对原有的草原监测体系进行了细化与完善，主要包括保护修复、开发利用、行政执法、灾害预警和评估核算五方面的应用目的。

（一）保护修复

监测结果用于评价和预测人类活动对草原生态系统的影响，为遏制草原退化、提升草原生态服务功能提供决策依据。

（二）开发利用

监测结果用于管理部门和生产者判断该区域内草畜平衡状况，确定适宜的载畜量，使草原得到休养生息。

（三）行政执法

监测结果为草原监督执法提供线索和技术支撑。

（四）灾害预警

监测结果用于统计分析灾害发生情况和发生规律，达到对灾害的防治与预警。

（五）评估核算

监测结果用于草原生态资产核算、变化评估、资产负债表编制以及草原资产分等定级。

二、草原监测意义

草原监测是掌握草原资源动态变化、评价工程效益、估算草原灾害程度和损失、评定草原生态状况的一项手段，是做好草原管理的一项基础性工作。加强草原监测评价，做到底数准、情况明、趋势清，对于保护建设和合理利用好全国草原资源，意义重大。

《草原法》第二十五条规定：县级以上草原行政主管部门对草原面积、等级、植被构成、生产能力、自然灾害、生物灾害等草原基本状况实施动态监测，及时为本级政府和有关部门提供动态监测和预警信息服务。《国务院关于促进牧区又好又快发展的若干意见》明确要求，"落实草原动态监测和资源调查制度，每年进行动态监测，每5年开展一次草原资源全面调查"。因此，开展草原监测工作是贯彻落实党中央关于构筑祖国北疆生态安全屏障和《草原法》的重要抓手，更是推进草原生态文明建设的重要举措。

在自然资源统一调查、评价、监测制度的基础上，按照草原监测评价体系的总体框架开展草原监测工作，是实现山水林田湖草沙一体化保护与系统治理必不可少的基础性工作。开展草原监测，掌握全国及各省份草原资源现状和变化情况，科学评价草原资源质量和生态状况，同步支撑国土年度变更调查，为科学开展草原生态系统保护修复、监督管理、林长制督查考核，实施碳达峰碳中和战略和林业草原国家公园"三位一体"高质量发展提供决策支撑。同时，为切实履行统一行使全民所有自然资源资产所有者职责、统一行使所有国土空间用途管制和生态保护修复职责提供服务保障，为生态文明建设目标评价考核提供科学依据。

新时期草原监测根据全国各省份草原资源、生态和植被特点，面向草原管理服务需求，通过图斑监测、样地调查、质量管控、数据库建设、统计分析、数据汇交共享、与国土变更调查工作协同衔接、技术方法创新等手段，采用"天空地"一体化的信息获取技术，对草原即时性变化进行动态跟踪监测，定期获取监测数据，发布动态监测信息，产出以县为单位的主要指标，编制发布各级草原监测报告，为各级林草长制考核、草原监管提供支撑。同时，结合实施草原监测四大任务，摸清草原资源家底，构建草原资源管理"一张图"，综合评价草原资源现状特征，为科学开展草原保护、修复、利用与管理工作提供基础数据。

三、面临的主要问题

党的十八大以来，党中央、国务院对草原生态保护建设支持力度不断加大，生态文明体制改革对草原管理提出了新的要求。草原生态优先的功能定位进一步明确。随着新时期草原功能定位的变化，草原监测的主要目标已由服务于牧业生产兼顾生态保护，转变为服务于生态文明建设兼顾牧业生产。目前，草原监测尚面临以下问题：

（一）资源底数不清

国家机构改革前，草原监测的底图是20世纪80年代草原调查的结果，经过30多年的自然变化与工程建设，草原的空间分布、物种组成、生物量等，已经发生了较大的变化，草原本底旧、变化大。草原面积究竟有多少，草原退化状况到底怎样，都无法拿出准确、权威的数据。草原退化、草原开垦、草原征占用等导致草原类型、面积发生较大变化，草原现状不清。许多地方草原与林地、耕地、湿地重叠交叉，权属不清、界限不明，"一地两证""一地多证"情况较为普遍，导致编制各项规划、实施保护修复、强化监管等草原管理缺乏依据，难以做到科学、精准、有效实施草原管理工作。

（二）标准方法不统一

草原分布区空间异质性高（高原、山地、丘陵、平原），草原类型复杂多样，与森林、荒漠、湿地重叠较多，草原监测难度极大，长期以来，缺乏系统、精准的调查监测体系，也有草原监测标准、方法不统一的问题。国家机构改革后，各地政府对草原保护管理更加重视，部分省份自行开展了草原监测，但各地草原监测标准、方法、内容不尽统一，尤其是草原综合植被覆盖度测算方法不同，影响指标权威性。

（三）监测技术落后

相比于农业、林业，草原调查监测、技术研究、生态评估等工作基础薄弱。全国只有 200 个固定监测点和不到 2 万个样地监测点，草原资料数据不全，管理较为粗放。进行了学术分类和部分技术标准制定及区域性科学研究，缺少管理、保护、利用等维度的分类、分级，缺少精细的区划，分区施策难以实施，而且草原信息化、智能化等技术手段应用较少。

（四）指标体系不完善

缺少草原基况监测、草原质量分级、草原灾害风险、生态工程监测等内容的调查监测指标体系。草原退化标准不完善、健康标准缺失，难以对草原生态状况作出科学判断。草原保护修复缺少验收标准，科学评判工程实施效果缺少依据。现有标准监测指标比较关注畜牧业、草原植被等，而固碳释氧、草原根系土壤等生态指标较少，不能满足生态建设需求。

（五）监测应急性不强

目前，草原越来越受到关注，一些和草原相关的社会热点、领导批示、重大灾情等逐渐增多，尤其在黄河流域、长江流域、三北工程区等重点区域治理，不断加强应急性监测力度。

（六）监测力量薄弱

国家机构改革后，国家和省级草原管理力量得到强化，但市级、县级仍明显弱化，特别是各级草原技术推广机构力量流失严重，草原监督管理机构残缺不齐，草原监管力量大幅削弱，很多地方的历史草原监测数据、基础资料等没有交接，给草原监测工作造成很大被动。当前急需整合重组、完善新的监测队伍。

第三节　构建新时期草原监测评价体系

新时期草原监测评价体系以习近平生态文明思想为指导，坚持山水林田湖草沙一体化保护和系统治理理念，充分发挥既有草原监测队伍作用，运用成熟方法成果，在继承发扬的基础上大胆探索创新。深入推进林草融合，聚焦新时期草原保护、草原生态修复、草原监管与开发利用、草原科学管理的科技需求，提高科技对草原调查、预警及监管的贡献率，充分借鉴森林调查监测有益经验做法，通过转移、嫁接、融合、提高的方式，构建内容全面、基础扎实、方法科学、运行顺畅的新时期草原调查监测体系（国家林业和草原局草原管理司，2021）。为适应新时期草原管理工作需要，解决草原监测评价中存在的问题，国家林业和草原局提出研究建立新时期草原监测评价体系，经过一年多时间的深入研究、广泛征求意见，建立了以四项任务、八大体系为"四梁八柱"的新时期草原监测评价体系（唐芳林等，2020）。新体系的构建将有力提升我国草原调查监测评价能力，为科学指导草原保护修复和合理利用提供基础和支撑，更好地服务国家生态文明和美丽中国建设的总体战略。

一、草原监测评价任务

（一）草原基况监测

草原基况监测主要是以第三次全国国土调查确定的草地数据成果为基础，以省份为总体开展草班和小班区划，采用抽样和遥感技术落实调查因子，获取草原资源详细数据信息，建立全国草原资源数据库。

草原基况监测重点解决草原在哪里，将草原性质、权属、性状等情况信息固化实化、地理信息上图和数据化，并将相关数据和信息落实到草班、小班，形成全国草原资源"一张图"，与森林资源"一张图"结合，整合形成全国林草资源"一张图"。草原基况监测每10年开展一次，与国土调查同周期开展，是做好草原资源管理的基础性工作。

（二）草原年度性动态监测

根据草原资源、生态和植被特点，面向草原日常管理服务需求，采用"天空地"一体化的信息获取技术，定期获取监测数据，发布动态监测信息，产出以县为单位的主要指标，编制发布各级草原监测报告，为各级林草长制考核、草原监管提供支撑。主要任务是重点对草原即时性变化进行跟踪监测，包括物候期植被荣枯变化、自然生物灾害发生、草原植被生长动态、产草量、草原综合植被盖度、草原生态修复工程与政策实施效果、草原放牧利用和草畜平衡等内容，满足草原日常管理服务需求。

（三）草原生态评价

草原生态评价是对国民经济社会发展规划期内草原生态状况和发展变化趋势进行定性定量监测评价，对草原健康、退化、生态服务功能等，进行定量定性评价，为制定和完善草原保护政策、编制草原发展规划和监督管理等提供数据支撑，为统筹推进全国草原保护修复和高质量发展提供决策依据，每5年开展一次。草原生态评价以第三次全国国土调查及年度变更数据和草原基况监测小班数据为基准，采用"天空地"一体化技术手段，抽样调查与图斑监测相协同开展监测评价；构建草原健康、退化、质量、生态服务功能等评价指标体系，摸清草原健康状况、退化类型及分布、草原生态服务功能、草原资产价值等，形成全国草原资源"一张图"和满足草原管理需求的各类专题图；通过与历史调查数据进行对比分析，对阶段性草原生态状况和发展变化趋势做出分析判断。

（四）专项应急监测

专项监测是满足草原资源保护和发展的专项需求，针对重点区域、关注问题、生态工程的特征指标进行动态跟踪，开展专项、应急、临时、区域性监测任务，掌握变化情况，按照草原管理工作需求开展的应急性、临时性、区域性监测，并提供数据图件的信息支撑。

二、草原监测评价体系

草原监测评价体系是新时期草原监测评价体系的重要支撑，包括草原监测体系、草原评价体系和管理体系。

（一）监测体系

1. 类型区划体系

为满足草原多元化管理需求，科学指导全国开展草原管理和生态建设等工作，需要系统性地对我国草原进行分类、分级、分区，形成符合我国草原管理特点的类型区划体系。我国草原根据地理分区和功能特点，将草原划分为内蒙古高原草原区、西北山地盆地草原区、青藏高原草原区、东北华北平原山地丘陵草原区和南方山地丘陵草原区五大草原区（董世魁等，2022）。

从管理角度规范定义草原主要名词术语，明确概念内涵外延，理清相互关系，减少混乱使用。对草原进行多维分类，从地植物学、起源、权属、功能用途等方面进行分类，把多种维度分类整合在一起，形成多维分类系统。从地植物学角度，可分为草甸、典型草原、灌草丛、荒漠草原等，还可以进一步细分；从起源看，可分为原生草原、次生草原、改良草原、人工草地等；从权属看，可分为国有草原、集体草原；从功能用途看，可分为生态公益类、生产经营类、多种用途类。把多种维度分类整合在一起，形成多维分类系统。

我国草原幅员辽阔、类型多样、差别很大，很有必要区分出优劣好坏。对草原进行多维分级，按照可量化监测指标数值，规定出不同区间档次，对草原进行分级。以草原健康程度可分为健康、亚健康、不健康、极不健康；按退化程度分为未退化、轻度退化、中度退化、重度退化；按草原单产高低分为高产、中产、低产等；按草畜关系分为严重超载、中度超载、轻度超载、基本平衡、草畜平衡等，还可按盖度、高度等进行分级。

2. 技术方法体系

采用地面监测和"3S"技术相结合的技术路线方法，充分运用地面调查、遥感、无人机、物联网、大数据、人工智能等技术方法，开展草原监测评价调查。把各种技术方法的不同环节、不同指标内容、不同任务进行组合配套，形成草原调查监测的技术方法体系。各种技术方法以制定标准的方式，进行规范化。

应用"天空地"一体化技术手段开展草原调查监测。"天"一般指遥感技术，遥感与常规地面调查监测相比，具有准确、快速、节省人力的优点，是当前草原监测必不可少的技术手段。"空"一般指无人机技术，无人机具有机动、快速、经济等优势，其平台可搭载多光谱、高光谱、雷达等各种传感器，在草原植被长势、草原生物灾害、植被覆盖度、生物量、草地退化、沙化固化活化、优势草种识别等各个方面开始应用，已成为草原监测应用的主要遥感技术之一。"地"一般指地面调查，包括踏查、详查、访问调查、样地和样方调查等，优点是获取的数据信息详细、准确，缺点是需要耗费大量人力、物力、财力。

采用物联网、大数据等技术构建草原资源数据集。大数据是以容量大、类型多、存取速度快、应用价值高为主要特征的数据集合，而草原资源大数据则是融合了地域性、季节性、多样性、周期性等自身特征后产生的来源广泛、类型多样、结构复杂的数据。因此，采用物联网、大数据等技术搜集、分析、集成草原资源大数据是当前草原监测的工作重点之一，可用于支撑草原保护修复和精细化管理。

依托人工智能技术应用提升草原智能化管理水平。人工智能是用机器模拟人的识别、认知、分析和决策能力。在草原资源变化监测中，利用人工智能技术，基于不同时段卫星遥感数据可以获取草原面积增减、变化原因等信息，及时掌握草原资源动态变化。在草原灾害预警中，利用人工智能技术对长时间序列气象数据进行模型分析，可对草原干旱进行预警，对不同时空尺度下草原旱情进行智能化定量分析，还可以利用草原资源、气象、环境等多源数据对鼠虫害发生趋势进行监测预警，提升草原各类灾害预警能力。

3. 样地场地设施体系

建设布局均衡、数量适当、结构合理的草原监测常规样地、草原固定监测点、草原生态长期定位观测站，构成我国草原调查监测样地场地设施体系。

常规样地，是草原上分布最广、数量最多的监测设施。目前，我国草原常规样地有 1 万余个，多数分布在主要草原省份，需要在此基础上，进一步优化调整，增强样地代表性，埋设必要标志标识。常规样地布设要遵循代表性全覆盖、价值优先、生态敏感性、基础条件优的原则。监测内容包括常规样地本底信息、年度动态监测指标和全自动实时监测数据。

固定监测点，是具有一定围栏区划设置、功能分区的草原监测设施，按旬或固定时间长度开展连续性监测、多功能区监测。除监测围栏内监测外，需在周边辅助观测场同步开展监测。布设原则要遵循代表性、交通便利、管护便利的原则，布设在地势平坦、开阔的草原，监测场地由主监测场地（围栏内）和辅助监测场地（围栏外对比样地）两部分组成。监测内容主要有植物群落特征及生产力、草原利用、生态状况、草原灾害等。此前，全国规划建设约 800 个国家级草原固定监测点；目前，全国已建成 200 余个，连续开展监测的约 80 个。一些省份根据监测工作需要，也布设建设了部分省级、县级草原固定监测点。

生态定位观测站，是集生态观测、科学研究、人才培养、合作交流多功能于一体的综合观测设施，一般由研究机构或大专院校进行建设和管理。布设原则要遵循创新驱动、优化布局，统筹协调、分步实施，共建共享、联网协同，强化开放、规范管理，形成覆盖全国、类型完整、重点突出的草原生态系统定位观测网络体系。生态定位观测站承担的主要任务是草原生产功能评价和草原生态功能评价。监测指标主要包括草原植被地上总产草量、可食产草量、高度、盖度、优势种频度、密度、光照、温度、湿度、土壤养分（N、P、K）、土壤含水量、土壤团粒结构、土壤有机质、土壤孔隙度、土壤机械组成、土壤裸露度等。及时了解草原生产能力及变化情况，掌握气候等因素与草原生产能力的关系，促进草原合理利用。

4.质量控制体系

草原调查监测评价是一项系统性工程，涉及全国各地、不同层次的机构和人员，为保证数据质量，提高数据精度，建立质量控制体系，从制度机制、人员素质水平、监督检查等方面进行质量控制，即加强过程质量监管、日常质量监督、成果质量验收，建立定期检查、监督抽查相结合的全过程质量管理机制。

通过建立草原调查监测工作制度机制，规范数据采集、审核把关、落实人员责任等。采取过程质量监管、日常质量监督、成果质量验收等方式，制定定期检查、监督抽查相结合的全过程质量管理机制。严格成果分阶段逐级检查验收制度，每一阶段成果需经检查合格后方可转入下一阶段，避免将错误带入下一阶段工作；建立分级检查验收制度，调查结束后逐级汇总上报调查成果，国家、省分级负责检查验收。建立质量责任追究制，对数据真实性实行分级目标责任制，每个参与单位要明确责任人。建立奖惩机制，对调查监测工作作出突出贡献的要给予奖励；对虚报、瞒报调查监测数据的，要追究相关当事人的责任，并对相关领导追究相应的行政责任。为保证调查监测成果客观、真实和准确，避免主观人为干扰和弄虚作假，所有成果应全部留档，确保全过程可溯源检查。质量控制要遵循完整性、准确性、科学性原则。质量控制采取县级自查、省级验收和国家级核查三级质量分级管控。

（二）评价体系

1. 数据指标体系

草原监测评价指标是数据获取、过程分析、结果展示的重要内容和载体。各类草原监测评价的指标合集，共同构成我国草原监测评价的数据指标体系。建立草原基况监测指标、生态评价指标、年度动态监测指标，梳理地面调查监测指标、遥感监测指标，明确测量获取性指标、过程分析性指标、结果展示性指标，制定草原监测评价数据指标列表，做定义解释说明。为适应新时代草原管理工作需要，创建"草原覆盖率"指标。将"草原覆盖率"和"森林覆盖率"结合，进一步创建"林草覆盖率"指标（国家林业和草原局草原管理司，2021）。强化草原根系土壤指标，加强对草原根系土壤层的监测，设计充实相关监测指标。

基况监测指标包括基本信息、资源状况、保护修复、利用情况、立地条件等方面。草原生态评价指标以草原健康程度为依据，以草原生态状况的现状与历史本底的差值评判草原退化和恢复程度。草原退化程度表征草原健康程度的降低，分为未退化、轻度退化、中度退化和重度退化 4 个等级。草原恢复表征草原健康程度的增加，分为未恢复、轻度恢复、有效恢复、完全恢复 4 个等级。年度性动态监测指标包括返青期、枯黄期、草原植被长势、草原产草量、草原生物灾害及草畜平衡等。应急监测指标主要有草原旱情指数、草原旱情等级、草原受旱面积、草原雪灾指数、草原雪灾等级等。

2. 标准规范体系

把专业理论和实践经验转化为标准规范，成为行业的共同遵循。将草原监测评价内容、任务、过程要素及技术方法等进行书面化、成果化、规范化，形成成套技术标准。加快制定完善草原术语、分类区划等基础性标准，以及内容任务相关综合性标准。分批制定技术方法、数据指标、评价评估、信息化等标准。梳理现有标准，修订草原健康、退化评价等标准。按照重要程度和工作急需程度，进行标准制修订任务排序，有序推进标准立项和研制工作。

草原监测评价现有国家标准 11 个、行业标准 16 个、其他技术规定 5 个，见表 2-1 至表 2-3。

表 2-1 现有草原调查监测相关国家标准及规范

序号	国家标准及规范
1	天然草地利用单元划分（GB/T 34751—2017）
2	草原蝗虫宜生区划分与监测技术导则（GB/T 25875—2010）
3	风沙源区草原沙化遥感监测技术导则（GB/T 28419—2012）
4	天然草地退化、沙化、盐渍化的分级指标（GB 19377—2003）
5	岩溶地区草地石漠化遥感监测技术规程（GB/T 29391—2012）
6	草原健康状况评价（GB/T 21439—2008）
7	北方牧区草原干旱等级（GB/T 29366—2012）
8	草地资源空间信息共享数据规范（GB/T 24874—2010）
9	草地气象监测评价方法（GB/T 34814—2017）
10	家庭牧场草地放牧强度分级（GB/T 34754—2017）
11	草原与牧草术语（GB/T 40451—2021）

表 2-2 现有草原调查监测相关行业标准及规范

序号	行业标准及规范
1	草地分类（NY/T 2997—2016）
2	天然草原等级评定技术规范（NY/T 1579—2007）
3	草原蝗虫调查规范（NY/T 1578—2007）
4	农区鼠害监测技术规范（NY/T 1481—2007）
5	草原资源和生态监测技术规程（NY/T 1233—2006）
6	草原退化监测技术导则（NY/T 2768—2015）
7	草原监测站建设标准（NY/T 2711—2015）
8	天然草地合理载畜量的计算（NY/T 635—2015）
9	草业资源信息元数据（NY/T 1171—2006）
10	草地资源调查技术规程（NY/T 2998—2016）
11	草地植被健康监测评价方法（NY/T 3648—2020）
12	草原生态建设工程效益监测评价技术规范（LY/T 3318—2022）
13	草原征占用审核现场查验技术规范（LY/T 3319—2022）
14	草畜平衡评价技术规范（LY/T 3320—2022）
15	草原生态价值评估技术规范（LY/T 3321—2022）
16	草原资源承载力监测与评价技术规范

表 2-3 现有草原调查监测其他技术规定

序号	技术规定
1	草原综合植被覆盖度监测技术规程（试行）
2	全国草原监测评价工作手册
3	草原基况监测操作细则
4	草原年度性动态监测技术方案
5	草原健康和退化评估技术指南

（三）管理体系

1. 数据库和软件平台体系

对不同时期、不同单位开发的数据库和平台进行优化整合协同，建立草原监测评价数据库和软件平台体系，提高数据安全和管理效率。优化地面数据报送管理系统，开发手持端应用软件，提高数据采集录入、传送报送效率。建设地面数据和遥感数据存储、处理数据库，实现对大容量数据的高效管理应用。融合草原资源基况监测、草原生态评价、年度性草原动态监测、专项应急监测成果数据，形成全国草原资源管理基础数据库，建设草原小班档案和草原资源"一张图"软件平台（王林等，2023），方便调取草原综合、专项数据图件。开发大数据和人工智能分析评价系统，自动形成各类统计报表。统筹利用各项调查监测数据，建设草原综合管理平台，平台包括国家级、省级、市级和县级四级管理，总平台部署在国家林业和草原局，各省份可分别部署各自行政区范围内的分系统，各分系统按照一定的规则和要求将相关数据汇总到上一级系统。接入地方其他草原监测评价系统，推进全国草原资源向数字化、精细化、科学化转变，提高草原监督管理效能。将草原综合管理平台纳入"林草生态网络感知系统"进行统筹谋划和系统设计，高起点高质量建设草原监测评价软件平台体系。

2. 组织管理体系

草原调查监测内容多、工作量大，涉及国家和地方多个部门和人员，需要建立坚强有力的组织管理体系，才能保证草原调查工作协调顺畅、高效运转。全国草原监测评价工作由国家林业和草原局统一部署，草原管理司具体负责，国家林业和草原局各直属规划院分区指导落实，国家有关科研院所承担技术研发和技术支撑服务任务，各省级林业和草原行政主管部门负责组织实施本行政区域草原监测评价评价工作。各参与单位分工协作、密切配合，逐步建立以国家队为主导、地方队伍为骨干、市场队伍为补充、科研院所为技术支撑的新时期草原监测评价组织体系。建立全国草原监测评价技术咨询指导机构，主要由相关专家组成，设立专家顾问组、技术指导组、质量控制组。专家顾问组由草原、林业、农牧业、生态环境、自然资源、调查监测、遥感、气象等方面的知名专家组成，负责技术性工作咨询把关、评审论证等。技术指导组由国家林业和草原局草原管理司、各直属规划院、科研机构等单位的管理和技术性专家组成，负责草原监测评价日常工作中的技术指导，解决有关技术性问题。质量控制组由国家林业和草原局草原管理司、各直属规划院、科研机构等单位的管理和技术人员组成，负责草原监测评价数据和阶段性成果的治理监督检查，指出质量问题，对数据和成果质量把关。

第四节　草原监测评价成果应用

一、主要成果

新时期草原监测体系构建既是对草原监测历史的传承与发扬，又是符合新时代生态文明建设需求的创新之举，为新时期草原监测评价工作打下了坚实基础。国家林业和草原局各直属规划院和各省份林草部门全力以赴开展外业监测，2021 年完成了草原样地 2.9 万个、样方 8.7 万个；2022 年完成草原监测样地 1.83 万个、样线 5.48 万条、样方 11.47 万个，其中测产小样方 5.48 万个，观测小样方 5.48 万个，高大草灌样方 0.52 万个；推进草班、小班区划，全国约 3000 万个草原小班属性落实到山头地块，为摸清我国草原生态状况奠定了坚实基础。新时期草原监测取得了十大成果。

（一）构建了新时期草原监测评价体系

提出"四梁八柱"的新时期草原监测评价体系，组织国家林业和草原局各直属规划院和全国草原监测领域权威专家研究编制《全国草原监测评价工作手册》。以第三次全国国土调查成果为统一底版，开展林草生态综合监测草原监测评价，划定草班、小班，将草地属性落实到山头地块，基本解决了长期存在的草原底数不清的问题。

（二）加强草原样地布设研究，扩大样地覆盖范围和样地数量

草原样地覆盖范围由过去的 23 个省份扩展到全国 31 个省份。根据草原分布和类型特征，结合林草湿监测的草原抽样设计，按产草量和植被盖度 2 项指标精度控制确定各省份样地数量，采用系统抽样和地理空间 / 属性均衡抽样的方法布设样地，兼顾了草原历史样地分布和森林资源连续清查样地分布。

（三）首次开展草班小班区划，将数据落实到山头地块

为解决长期存在的草原底数不清的问题，在第三次全国国土调查数据基础上开展了草班、小班区划，在全国初步划定约 3000 万个草原小班，开展了部分小班的现地核实，按照标准库进行小班数据整理，完成了全国草原小班数据的逻辑检查及数据入库，基本摸清了全国草原家底。

（四）开展多层级、全覆盖数据质检，确保数据质量

为确保草原监测样地数据质量，开展了首件必检、过程检查、数据检查三类质检工作。数据检查采用分级质检的方式，分为调查单位自查、省级 100% 检查与打分、国家级抽查与打分。针对草原动态变化强、难以现地核实的客观因素，提出利用遥感数据、现地图片、数据逻辑关系等方法进行质量审核，在草原监测评价管理平台自动进行 110 项数据逻辑关系批量检查，在自动检查通过后，进行省级审核质量打分和国家级核查质量打分，以此控制数据质量。

（五）加强遥感技术应用，支撑核心指标测算

草原综合植被盖度是反映草原质量的重要指标，也是生态文明考核指标。现地调查难以覆盖所有图斑，因此遥感建模是获取全覆盖草原植被盖度分布必不可少的手段。国家林业和草原局林草调查规划院克服多种困难，在时间紧任务重的情况下，处理完覆盖全国 100% 国土范围的 10 米空间分辨率 9 波段多光谱遥感数据，采用全

年植被生长最旺盛时期影像合成技术，从 69391 幅、约 140TB 影像中筛选出符合草原监测质量要求的遥感数据，为草原综合植被盖度测算提供了重要支撑。利用哨兵 2 号（Sentinel-2）遥感数据开展了草原植被盖度产草量分区、分省、分类建模，在各类约束条件的控制下最终确定了约 300 组模型，完成了草原植被盖度、产草量遥感测算。

（六）全部指标实现小班出数，保证图数合一

在完成草原植被盖度、鲜草产量、干草产量、生物量、植被碳储量、植被碳密度、土壤碳储量、土壤碳密度、净初级生产力等指标测算及草原分区、分级评价的基础上，将全部指标与因子赋值到小班上，支撑了基于图斑的指标测算。

（七）首次系统评估了重点生态区域草原资源状况

对草原五大分区、重点战略区、国家公园、重要生态系统保护和修复区、重点生态功能区草原资源及生态质量进行了监测，开展了指标测算、制图与分析。

（八）汇总产出 111 套草原监测报表

设计了支撑草地面积、类型、权属、分区、分级、盖度、产量、碳汇、健康等指标统计的 111 套草原监测报表，支持国家、省、市、县四级报表生成及不同地理单元的报表生成，提高了数据统计效率，保证了国家、省、市、县统计一套数。

（九）建立支撑草原监测全流程的数据信息系统

抓住林草生态网络感知系统建设的机遇期，研发了草原监测外业数据采集 APP、林草综合监测草原监测与数据管理平台、草原小班数据入库检查及统计汇总软件，支撑了草原监测数据外业采集、数据质检及统计汇总工作。首次采用全国统一的 APP 开展外业调查，大大提高了外业工作效率。

（十）培养和锻炼一批草原监测人才队伍

新时期草原监测体系构建和草原监测工作的开展培养了多方面的人才，全国约 1 万人参与了草原监测工作。国家林业和草原局各直属规划院技术人员全面掌握了草原监测各项工作流程，高校和科研院所参与新时期草原监测体系构建的专家学者更加了解草原管理需求，促进了科研成果落地。通过国家级、监测区级和省级等各类培训的开展，基层监测队员掌握了监测要领，可熟练运用信息采集软件开展调查工作，大大提升了各级监测人员的业务水平。草原监测工作掠影如图 2-1、图 2-2 所示。

图 2-1　草原样地外业监测

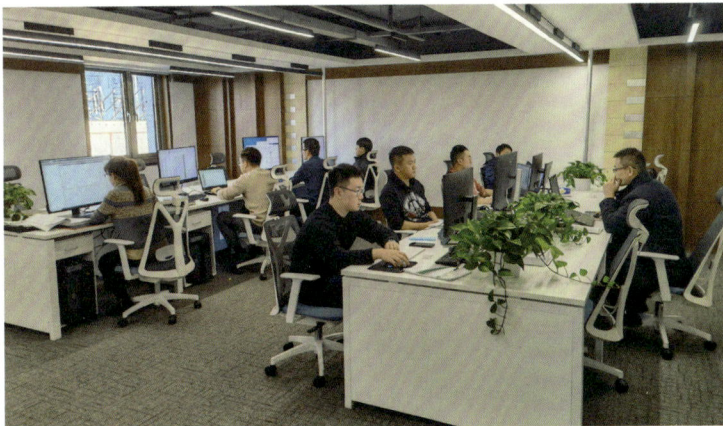

图 2-2　草原监测数据汇总与指标测算

二、成果应用

当前，数据已成为国家基础性战略资源，我国正面临从"数据大国"向"数据强国"转变的历史新机遇。党中央、国务院高度重视大数据技术的发展，提出要实施国家大数据战略，运用大数据提升国家治理现代化水平，草原大数据是实施国家大数据战略的重要内容。要进一步发挥新时期草原监测各项数据成果的作用，加强数据应用，将海量数据转变为辅助决策和社会共享信息的迫切需要。

（一）支撑国家草原发展战略制定

当前，中央对加强生态文明建设做出了若干重大战略部署，加快推进生态文明体制改革，要求建立生态文明目标体系、建立资源环境承载能力监测预警体制、编制自然资源资产负债表、对领导干部实行自然资源资产离任审计、建立生态环境损害终身追究制，这些都需要监测数据的支撑。加强草原监测数据应用，支撑国家草原发展战略制定，基于丰富翔实的数据资源为草原保护修复及山水林田湖草沙一体化保护和系统治理提供基础支撑，推进生态文明建设向纵深发展。

（二）服务全国各级草原主管部门

新时期草原监测采用样地监测与图斑监测相结合的方式，借助遥感技术和点面耦合方法，实现草原植被盖度、产草量等指标从出数到落图的转变，可产出全国、省、市、县各级草原类型、分区、草原综合植被盖度、产草量、植被碳储量、土壤碳储量等指标，将为各级草原管理、生态文明考核、草原保护修复和草原发展规划编制提供重要数据支撑，有利于推动草原管理从经验决策向数据决策转变。

（三）为科研院所提供数据共享服务

从草原监测数据中梳理出可为科研院所共享的数据目录，引导科研院所围绕国家草原管理需求开展科学研究，加强数据管理部门与科学研究部门深入合作，推动科研成果落地，破解科学研究与行业应用"两张皮"的现象，提升草原监测科技创新能力。

（四）为社会公众提供数据服务产品

依托草原监测数据生成可为社会公众服务的数据产品，生成数据产品目录，与草原生态旅游、全民种草绿化、草种识别与科普等公民活动相结合，推动草原管理服务从公共事务服务向公共数据服务转变，为公众提供更多样化的草原生态服务产品，让公众认识草原、了解草原、爱护草原，助力美丽中国建设。

第三章
草原监测技术

第一节　草原监测抽样

　　抽样调查是一种非全面调查，它是从全部调查研究对象中，抽选一部分单位进行调查，并据以对全部调查对象作出估计和推断的一种调查方法。抽样调查是建立在随机原则基础上，从总体中抽取部分单位进行调查，应用概率估计原理，根据所有资料对总体特征进行推断的一种调查方法。我国草原面积广阔，对草原进行监测必须应用科学的抽样方法选取调查监测样地，以期能够更好地反映我国草原的特征。

一、抽样方法

（一）随机抽样

　　一般，设一个总体含有 N 个个体，从中逐个不放回地抽取 n 个个体作为样本（$n \leqslant N$），如果每次抽取时总体内的个体被抽到的机会相等，就把这种抽样方法叫作简单随机抽样。

　　随机抽样适用于总体单位数量有限的情况，对于复杂的总体，样本的代表性难以保证，忽略了样本点空间代表性及空间自相关性和异质性。草原类型多样，在不同区域不同草地类型下样地调查信息差异性明显，因此，简单随机抽样方法不适用全国草原监测样地选取。

（二）分层抽样

分层抽样又称分类抽样或类型抽样，是先将总体的单位按某种特征分为若干次级总体（层），然后再从每一层内进行单纯随机抽样，组成一个样本。一般地，在抽样时，将总体分成互不交叉的层，然后按一定的比例，从各层次独立地抽取一定数量的个体，将各层次取出的个体合在一起作为样本。

分层抽样尽量利用事先掌握的信息，并充分考虑保持样本结构和总体结构的一致性，这对提高样本的代表性十分重要。当总体是由差异明显的几部分组成时，往往选择分层抽样的方法。其特点是将科学分组法与抽样法结合在一起，每个个体被抽到的概率都相等。分组减小了各抽样层变异性的影响，抽样保证了所抽取的样本具有足够的代表性。

分层抽样方法的代表性较随机抽样更好，抽样误差比较小。

（三）整群抽样

整群抽样又称聚类抽样，是将总体中各单位归并成若干个互不交叉、互不重复的集合（称之为群），然后以群为抽样单位抽取样本的一种抽样方式。应用整群抽样时，要求各群有较好的代表性，即群内各单位的差异要大，群间差异要小。整群抽样优点是实施方便、节省经费；整群抽样的缺点是往往由于不同群之间的差异较大，由此而引起的抽样误差往往大于简单随机抽样。草原样地要求布设在各个区域，因此，整群抽样方法在草原样地选取上并不适用。

（四）系统抽样

系统抽样也称为等距抽样、机械抽样，它是首先将总体中全部单元按一定顺序排列，根据样本容量要求确定抽选间隔，然后随机确定起点，每隔一定的间隔抽取一个样本单元的一种抽样方式。系统抽样相对于简单随机抽样方式的主要优势是其经济性，系统抽样的方式更为简单。但是在知道总体分布特征与不同单元差异性的前提下，使用系统抽样会增加额外的工作量，在获取相同抽样精度的前提下，抽样数量要更多，存在抽样效率低和样本冗余的问题。

（五）拉丁超立方抽样

以上 4 类传统抽样方法是基于抽样随机性的统计推断，未考虑空间对象之间的空间相关性，在样本空间位置布设上具有局限性。在综合考虑抽样对象的多元参数、总体分布，尤其是对象的空间结构性情况下，可以衍生其他抽样方法，提高抽样代表性与精度，如空间分层抽样法、空间聚类抽样法、构建优化目标函数的空间抽样方法等（林芳芳等，2017；仲格吉，2019）。

各种抽样方法具有各自的优缺点和适用范围，在应用时应综合考虑抽样的目的和用途、数据资料情况、研究区域的先验知识和辅助信息、研究区域的实际复杂情况等因素，采用多项技术整合与集成创新的思路，取长补短，提出研究区域样本点空间布局优化（高秉博等，2020；Hengl et al.，2003）的最佳方案。

针对草原样地，实现样地在特征空间和地理空间的双重代表性是提高抽样精度的必然要求，如何构建样点在特征空间和地理空间无偏的优化目标函数并综合集成样点在特征空间和地理空间的双重代表性成为草原样地布设的关键。在无任何辅助变量和历史样点数据情境下，一般采用分层均匀采样布局优化；存在辅助变量数据情境下可采用拉丁超立方采样布局优化。

拉丁超立方抽样（Latin hypercube sampling, LHS）是 McKay 等在蒙特卡罗法的基础上发展形成的一种从多元参数分布中近似随机抽样的方法（McKay et al. 2000），属于分层抽样技术，与简单随机抽样相比，LHS 能更完全地利用样本空间，在显著节省样本量的同时又保证了多变量分布的全覆盖。其原理可简要概括：首先将变量的域等概率划分 n 个独立区间，每个区间被抽取的概率均为 $1/n$，然后每个区间随机抽取任一值，将所有变量的 n 个抽样值随机配对，形成 n 个变量组合，最后输入到空间模型中进行迭代运算得到最优抽样集（李维友等，2022）。为了避免因随机匹配多变量而导致的不存在的变量组合，Minasny 和 McBratney 提出了 cLHS（Minasny B et al.，2006）。

拉丁超立方抽样的基本概念是依据各输入参数的统计特征，在 $[0, 1]^n$ 的超立方中生成 n 均匀分布的随机变量（Glasserman P，2004）。假设要在 n 个随机参数中利用拉丁超立方抽取 m 个样本，其步骤大致如下：根据 n 个随机参数的每一统计分布，在定义域范围内将各随机参数划分为互不重叠的 m 个组，并使得每一组被取得的几率均为 $1/m$。在随机参数各组区间内，随机选取一个参数值，则整个求解空间共抽取了 $n \times m$ 个参数值。将 n 个随机参数的 m 个参数值随机配对，使取样点均匀分布于整个求解空间（卢易等，2017）。拉丁超立方抽样通过将参数的累积分布进行函数分层，并在分层内随机抽样，确保了取样值能够覆盖整个输入随机变量的分布区间，降低了模拟次数、减少了计算所需的时间。Iman R L（1992）指出对于相同的采样规模 N，用随机抽样和拉丁超立方抽样得到的 2 个独立随机变量的联合覆盖空间百分比的期望值分别为 $2 \times (N\text{-}1)/(N\text{+}1) \times 100\%$ 和 $2 \times (N\text{-}1)/N \times 100\%$，对于任何 $N \geqslant 2$，后者的值总是比前者的值大。因此，采用拉丁超立方抽样得到的输入随机变量的抽样空间总是比随机抽样的覆盖大。

二、抽样体系

草原监测在不同时期选取了不同的抽样方法。

（一）典型随机抽样

在 20 世纪 80 年代第一次全国草原普查及后续各省份不同阶段的普查下，对主要草原省份的草地类、草地型等草原本底信息有了一定的了解。因此，在新时期草原监测评价之前，草原样地均采用典型随机抽样方法布设。

草原样地典型随机抽样方法的设置要求为样地应选择在相应群落的典型地段；样地内要求生境条件、植物群落种类组成、群落结构、利用方式和利用强度等具有相对一致性；样地之间要具有异质性，每个样地能够控制的最大范围内，地貌、植被等条件要具有同质性，即地貌以及植被生长状况应相似；草原植被样地面积应不小于 100 公顷，荒漠植被样地面积可适当扩大，在此范围内设置样条和样方；此外还要考虑交通的便利性。

草原样地设置原则主要包括：

（1）所选样地要有该类型分布的典型环境和植被特征，植被系统发育完整，具有代表性。

（2）样地选择中，应考虑主要草地类型中优势种、建群种在种类与数量上变化趋势与规律。例如草原沙化、退化监测样地设置应能反映出梯度变化趋势。

（3）山地垂直带上分布的不同草原类型，样地应设置在每一垂直分布带的中部，并且坡度、坡向和坡位应相对一致。

（4）对隐域性草原分布的地段，样地设置应选在地段中环境条件相对均匀一致的地区。草原植被呈斑块状分布时，则应增加样地数量，减小样地面积。

（5）对于利用方式不同及利用强度不一致的草原，应考虑分别设置样地，如割草地、放牧场、季节性放牧场、休牧草场、禁牧草场、有不同培育措施的草场、存在不同利用强度的草场等，力求全面反映草原植被在不同利用状况下的差异。

（6）进行草原保护建设工程效益监测时，要同时选择工程区内样地和工程区外样地进行监测，其他条件如地貌、土壤和原生植被类型均需尽量保持一致。

（7）当草原的利用方式或培育措施发生变化时，及时选择新的与该样地相对应的对照样地，以监测上述变化造成的影响。

（8）样地一般不设置在过渡带上。

草原样地典型随机抽样方法充分利用了草原已有资料，在先验知识的辅助下，利用不多的抽样样地就能很好地反映全国草原的整体情况，但是该种方法也存在一定问题：

（1）样地是典型布设，具有一定的人为主观性，可能造成抽样精度产生较大误差。在林草生态综合监测背景下，尤其是在参照森林样地布设，采用系统抽样，样地位置固定，具有更强历史可比性的前提下，对草原样地布设数量和布设位置提出了更高的要求。

（2）样地数量较少，可能缺乏全局代表性，样地数量设置的理论性有待加强。

（二）拉丁超立方抽样

在 2021 年林草生态综合监测中，草原布设近 2 万个样地，实地采集了样地的草原植被盖度和产草量等真实数据，已经有了充分的先验知识，因此，适合进行拉丁超立方抽样。

我国草原面积约 95% 集中分布在六大牧区，其他地区草原分散分布，具有区域分异特征。同时，通过以往长时期的草原监测工作和第三次全国国土调查草地图斑划分，基本已经摸清各省份草地面积、分布、草地类等信息，也结合遥感手段获取了草地图斑的植被盖度、产草量等信息。

为了更准确地依据草原监测样地测算全国及各省份草原综合植被盖度、产草量等指标，同时也为了更科学利用样地数据和遥感影像进行遥感建模，并根据建模结果对草地图斑进行赋值。根据草原先验知识的收集以及对各种抽样方法的比较，草原监测选择了多维特征空间＋地理空间均衡优化的拉丁超立方抽样方法（scLHS）进行草原样地的布设。该方法的优势在于针对空间变异较大的资源和环境变量，利用丰富的辅助信息，优化地理和特征空间分布，改善总体估计和建模精度。

该样地布设方法能够做到样地在草地中空间分布相对均匀，能够覆盖不同植被盖度、不同产草量区域。对于相对重要、代表性强和变异程度大的区域，适当增加样地布设数量。

基于多维特征空间＋地理空间均衡优化的拉丁超立方样地布设要求如下：

（1）控制网格划分。依据测算样本量、草地面积、草地分布确定网格大小。

（2）控制网格样点分配。将总样本量，分配至单个控制网格。

（3）控制网格内样点布设。兼顾地理空间均衡、植被盖度及产草量属性均衡，布设样点。将植被盖度、产草量分级并编码，进行编码连接，形成每个抽样单元的抽样编码，并按照拉丁超立方方法进行抽样。

该种布设方法的主要优势体现在各网格内样地设置数量有根据；样

地位置，通过一定算法确定，消除人为主观干扰，历史可比性更足。

三、抽样操作流程

基于空间 / 属性双均衡方法设计了可兼顾草原历史样地与森林资源连续清查样地的草原样地抽样流程，并基于该方法以省份为总体在全国布设形成约 1.9 万个草原固定样地，如图 3-1。

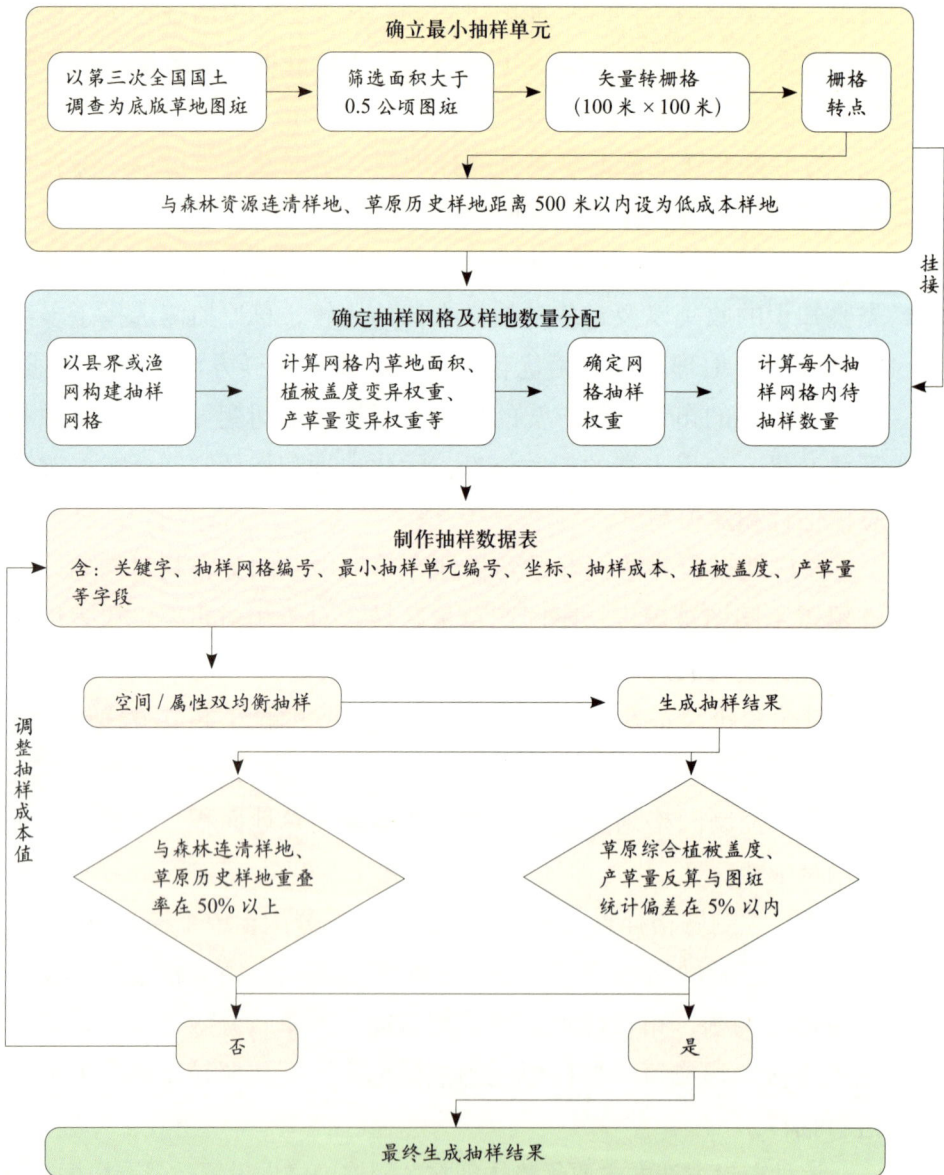

图 3-1 林草生态综合监测中草原样地抽样流程

（一）确定最小抽样单元

根据各省份草原监测样地面积，设置最小抽样单元面积，如 1 公顷。

以 1 公顷作为像元单位，将草原基况数据库中 1 公顷以上的矢量数据转为栅格数据，再将栅格数据转为点类型的矢量数据，作为最小抽样单元。

（二）布设地理空间均衡抽样网格

以省份内的所有草地图斑为总体，机械布设等面积且覆盖所有最小抽样单元的地理空间均衡抽样网格（可考虑以县级行政区界作为抽样网格）。

各省份国土总面积除以全省样地数再乘以 5（或样本总数除以 5），综合考虑该总体草地资源分布，计算该总体的抽样网格数量；利用 ArcGIS 等地理信息系统软件中的"渔网"或"网格索引"等工具，布设覆盖所有最小抽样单元的规则网格。

（三）分配地理空间均衡抽样网格内样地数量

根据各抽样网格中草地面积、产草量及盖度差异情况，向其中分配草原样地数量。分别计算每个抽样网格内草地面积比例、产草量、植被盖度变动系数及其权重，对三个权重进行加权得出每个网格的综合权重，根据综合权重将全省样地数量分配至各网格。

网格抽样权重和样地设计数计算公式如下：

$$CV_{cdgd_i} = \frac{\sigma_{cdgd_i}}{cdgd_i} \tag{3-1}$$

$$CV_{xccl_i} = \frac{\sigma_{xccl_i}}{xccl_i} \tag{3-2}$$

$$w1_i = \frac{S_i}{\sum_{i=1}^{n} S_i} \tag{3-3}$$

$$w2_i = \frac{CV_{cdgd_i}}{\sum\limits_{i=1}^{n} CV_{cdgd_i}} \qquad (3\text{-}4)$$

$$w3_i = \frac{CV_{xccl_i}}{\sum\limits_{i=1}^{n} CV_{xccl_i}} \qquad (3\text{-}5)$$

$$w_i = 0.6 \times w1_i + 0.2 \times w2_i + 0.2 \times w3_i \qquad (3\text{-}6)$$

$$count_i = count \times w_i \qquad (3\text{-}7)$$

式中：CV_{cdgd_i}、CV_{xccl_i} 分别为第 i 个网格内最小抽样单元草原植被盖度、单位面积鲜草产量变动系数；σ_{cdgd_i}、σ_{xccl_i} 分别为第 i 个网格内最小抽样单元草原植被盖度、单位面积鲜草产量标准差；$\overline{cdgd_i}$、$\overline{xccl_i}$ 分别为第 i 个网格内最小抽样单元草原植被盖度、单位面积鲜草产量平均值；S_i 为第 i 个网格草地面积；$w1_i$、$w2_i$、$w3_i$ 分别为第 i 个网格草地面积权重、草原植被盖度变动系数权重、单位面积鲜草产量变动系数权重；w_i 为第 i 个网格综合权重；$count_i$ 为第 i 个网格分配样地数量；$count$ 为抽样总体内总样地数量。

（四）最小抽样单元属性特征赋值

基于草原基况监测数据库，提取每个最小抽样单元的特征值；结合森林连清样地位置，对涉及的最小抽样单元进行标识。

使用 ArcGIS 等地理信息软件，提取每个最小抽样单元的地理空间坐标及其所在草地小班的植被盖度、单位面积鲜草产量等 2 个字段值，增加标识必选字段。

（五）各地理空间均衡抽样网格内抽样单元聚类

基于空间位置相近、属性相似的原则，使用空间分层聚类算法，对各空间均衡抽样网格内所有的抽样单元进行聚类。

使用基于 R 语言开发的 R Studio 软件，选取 Spcosa 函数包中的 stratify 函数，将各抽样网格内的所有最小抽样单元聚类，聚类产生的层数等于该抽样网格的样地数。聚类完成后，将各层号赋值至层中的所有最小抽样单元。

（六）利用拉丁超立方体采样方法布设样地

采用拉丁超立方采样方法，综合考虑了森林资源连清样地、草原调查监测历史样地及到达条件等因素，逐抽样网格抽取最小抽样单元，其中心坐标点即为草原调查监测样地中心坐标点。具体方法分为三步。

（1）对于每个抽样网格中的最小抽样单元，其具有 3 个特征值（聚类分层号、盖度、产草量），依据概率累积函数，分别将每个特征值分成 n 个（n= 网格内样地数）等累积概率密度的区间，在每个等累积概率密度区间内随机选取一个累积概率值。

（2）根据累积概率函数的反函数计算该累积概率值对应的具体属性值（聚类分层号、盖度、产草量）。

（3）将每个变量得到的 n 个值随机或按照一定的规则配对，形成均匀覆盖特征空间的采样。

在样地布设过程中，还要综合考虑草地图斑破碎程度、道路通达性的影响，具体布设要求还包括样地与样地之间的距离不小于 3 千米，不在敏感和难以到达的地方设置样地等。样地位置设定后需固定，作为长期监测的位置，记录样地范围明显标识。

第二节　草原地面调查

草原监测地面调查主要是借助仪器设备等对样地、样方相关因子信息进行调查取样。

一、准备工作

（一）工具仪器资料

GPS 定位仪、罗盘、平板、照相机、刺针(针头直径小于 1 毫米)、充电宝、罗盘、1 平方米样方框、4 平方米样方框、电子秤、烘干箱、测绳、皮卷尺、固定标志、标本夹、样品袋、各种记载表格、记号笔、钢卷尺、剪刀、样品标签、计算器以及野外服装、防护用品、应急用品、求救设备等。测量工具类型如图 3-2 至图 3-4 所示。

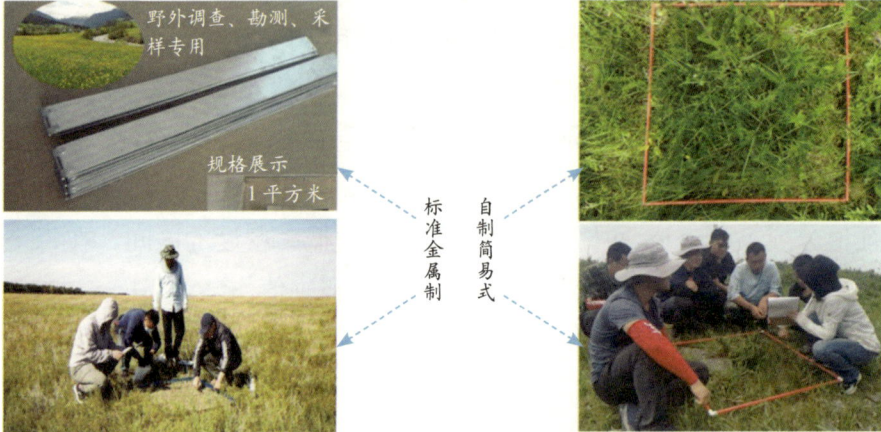

图 3-2　1 平方米样方框的类型

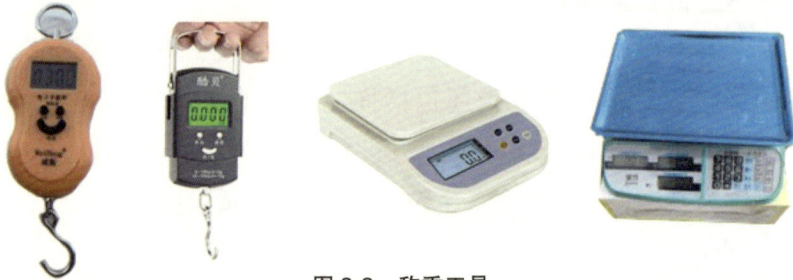

图 3-3　称重工具

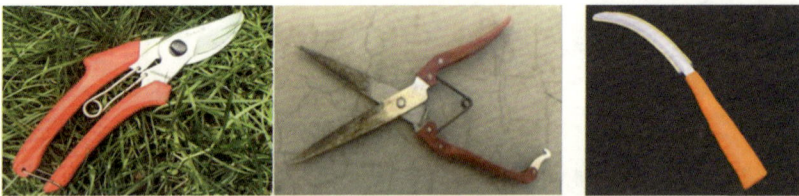

（a）剪刀　　　　　　　　　　　　（b）割草刀

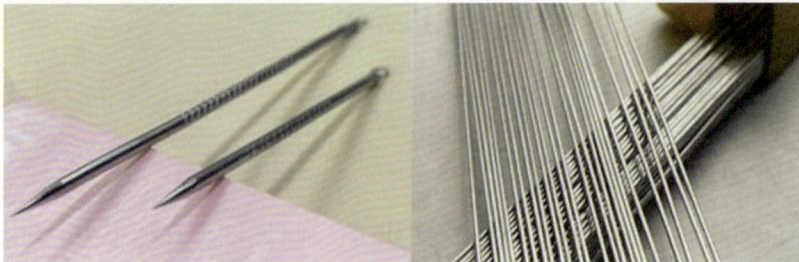

（c）刺针

图 3-4　剪刀、刺针

（二）样地数据

用户账号与授权，向市、省申请，由各省份统一向国家林业和草原局直属规划院申请开通调查人员账号。输入已授权并分配的用户名、密码即可登录。样地数据获取，国家布设完样地后，数据会存储到平台。开展外业时，通过下载安装草原调查监测外业 APP，登录系统平台进行数据下载，可得到样地信息。

（三）调查人员

为保证调查工作高效开展，每工组建议 4~6 人，且至少有 1 名草原专业技术人员。

二、样地布设

草原监测样地布设在充分考虑草原已有历史样地的基础上，采用空间 / 属性双均衡抽样相结合的方法进行抽取和布设。精度采用植被盖度、产草量双指标精度控制，植被盖度控制精度：六大牧区省份（西藏、内蒙古、新疆、青海、甘肃、四川）不低于 95%，其他省份不低于 90%；产草量控制精度：六大牧区省份精度不低于95%，黑龙江、辽宁、吉林、河北、山西、陕西、宁夏、云南不低于 90%，其他省份不低于 85%（国家林业和草原局，2022）。

三、样地导航

在野外要找到调查样地，需要使用导航。样地导航主要包括以下方式。

（一）APP 调查软件

通过软件自带的导航功能到达样地。

（二）GNSS 导航

在仪器预先输入样地坐标，利用导航功能到达样地。

（三）地图软件

把样地坐标转为 KML/KMZ 文件存入手机或平板，用奥维地图或谷歌地图导航到达样地。

（四）其 他

应用地形图或高德、百度地图或向导带路等到达样地。

四、样地定位

根据软件系统设定的样地位置，采用导航功能到达样地。当采用差分定位技术确保定位精度达 1 米以内时，可以直接进行样地定位。否则，应当采用引线定位方法，当到达样地中心点理论位置 30～50 米范围内时，在现地寻找明显地物作为引点，用定位仪采集引点坐标，再从引点位置按方位角和水平距通过实测方法确定样地中心点。样地定位包括标志设置、样地设置。

五、样地调查

根据样地调查表格式和要求进行样地基本信息的调查填写，包括地形因子、土壤因子、地表特征，以及草原类、草原型、草原起源、优势草种类等植被特征因子。并通过样线、样方的调查结果折算记录单位面积产草量、优势度、裸斑面积比例等汇总指标，并对样地进行拍照。

六、样方调查

样方是能够代表样地信息特征的基本调查单元，用于获取样地的基本信息。样方调查监测数据是建立遥感模型、计算草原产草量和草原综合植被盖度的重要参数。草原监测样方有观测小样方、测产样方和大样方。

植被盖度指样方内各种植物地上部分垂直投影覆盖地表面积的百分比，主要测量方法有目测法、针刺法和 AI 识别法。目测法指调查人员通过目测并估计样方内所有植物垂直投影的面积，该方法是最为常用的方法，特点是速度快，但准确度较低。针刺法特点是速度慢，但准确度相对较高，关键是调查人员要严格按针刺法要求进行操作，否则结果会偏高。AI 识别法是利用平板或相机对样方进行拍照，对获取的植被图像进行处理，通过模型软件自动计算植被盖度，优点是速度快，但需要外界光线条件较好。

产草量是指在草原植被生长盛期（花期或抽穗期）样方内地上植物体的总重量，其中草本产草量是将样方内所有植物齐地面刈割，灌木产草量是剪割当年生长的枝条部分（包括叶、花、果），然后用天平称重，即为鲜重，风干或烘干后再测其干重。

第三节　草原遥感监测

一、遥感系统组成、分类和技术特点

遥感一词来源于英语"Remote Sensing"，其直译为"遥远的感知"。遥感是指利用物体反射或辐射电磁波的固有特性，从远离地面的不同工作平台（如人造地球卫星、宇宙飞船、航天飞机、飞机、气球和高塔等），利用紫外线、可见光、红外线、微波等传感器，通过摄影、扫描等各种方式，接收并记录来自地球表层各类地物的电磁波信息，并对这些信息进行加工处理，从而识别地面物质的性质和状态的综合技术。遥感系统由遥感平台、传感器以及信息接受、处理与分析应用等分系统组成。按照传感器搭载的平台，遥感可分为航天遥感、航空遥感和地面遥感（梅安新，2001）。

遥感作为一门对地观测综合性技术，它的出现和发展既是人们认识和探索自然界的客观需要，更有其他技术手段与之无法比拟的特点。

（一）遥感技术特点

1. 探测范围广、采集数据快

遥感探测能在较短的时间内，从空中乃至宇宙空间对大范围地区进行对地观测，并从中获取有价值的遥感数据。这些数据拓展了人们的视觉空间，为宏观地掌握地面事物的现状情况创造了极为有利的条件，同时也为宏观地研究自然现象和规律提供了宝贵的第一手资料。例如，一张陆地卫星图像，其覆盖面积可达 3 万多平方千米。这种展示宏观景象的图像，对地球资源和环境分析极为重要。这种先进的技术手段与传统的手工作业相比是不可替代的。

2. 能动态反映地面事物的变化

由于卫星围绕地球运转，从而能及时获取所经地区的各种自然现象的最新资料，以便更新原有资料，或根据新旧资料变化进行动态监测，这是人工实地测量和航空摄影测量无法比拟的。例如，Landsat 陆地卫星 4、5，每 16 天可覆盖地球一遍，NOAA 气象卫星每天能收到两次图像，Meteosat 卫星每 30 分钟获得同一地区的图像，Himawari8 卫星每 10 分钟可覆盖观测地区一次，风云 4 号卫星每 5~15 分钟可覆盖全国一次。

遥感探测能周期性、重复地对同一地区进行对地观测，这有助于人们通过所获取的遥感数据，发现并动态地跟踪地球上许多事物的变化。同时，研究自然界的变化规律。尤其是在监视天气状况、自然灾害、环境污染甚至军事目标等方面，遥感的运用就显得格外重要。

3. 获取的数据具有综合性

遥感探测所获取的是同一时段、覆盖大范围地区的遥感数据，这些数据综合地展现了地球上许多自然与人文现象，宏观地反映了地球上各种事物的形态与分布，真实地体现了地质、地貌、土壤、植被、水文、人工构筑物等地物的特征，全面地揭示了地理事物之间的关联性。并且这些数据在时间上具有相同的现势性。微型无人机遥感系统具有运行成本低、执行任务灵活性高等优点，是遥感数据获取的重要工具之一（赵英时，2003）。

获取信息的手段多，信息量大。根据不同的任务，遥感技术可选用不同波段和遥感仪器来获取信息。例如，可采用可见光探测物体，也可采用紫外线、红外线和微波探测物体。利用不同波段对物体不同的穿透性，还可获取地物内部信息。例如，地面深层、水的下层，冰层下的水体，沙漠下面的地物特性等，微波波段还可以全天候的工作。

4. 经济社会效益显著

遥感获取信息受条件限制少。在地球上有很多地方，自然条件极为恶劣，人类难以到达，如沙漠、沼泽、高山峻岭等。采用不受地面条件限制的遥感技术，特别是航天遥感可方便及时地获取各种宝贵资料。因此，遥感技术在国民经济和军事的很多方面获得广泛的应用，其产生的经济社会效益显著。例如，应用于气象观测、资源考察、地图测绘等。

5. 有一定的局限性

遥感技术所利用的电磁波还很有限，仅是其中的几个波段范围。在电磁波谱中，尚有许多谱段的资源有待进一步开发。此外，已经被利用的电磁波谱段对许多地物的某些特征还不能准确反映，还需要发展高光谱分辨率遥感以及遥感以外的其他手段相配合，特别是地面调查和验证尚不可缺少。

（二）遥感监测系统组成

遥感是一门对地观测综合性技术，它的实现既需要一整套的技术装备，又需要多种学科的参与和配合，因此实施遥感是一项复杂的系统工程。根据遥感的定义，遥感系统主要由以下四大部分组成。

1. 信息源

信息源是遥感对其进行探测的目标物。任何目标物都具有反射、吸收、透射及辐射电磁波的特性，当目标物与电磁波发生相互作用时会形成目标物的电磁波特性，这就为遥感探测提供了获取信息的依据。

2. 信息获取

信息获取是指运用遥感技术装备接收、记录目标物电磁波特性的探测过程。信息获取所采用的遥感技术装备主要包括遥感平台和传感器。其中，遥感平台是用来搭载传感器的运载工具，常用的有气球、飞机和人造卫星等；传感器是用来探测目标物电磁波特性的仪器设备，常用的有照相机、扫描仪和成像雷达等。

3．信息处理

信息处理是指运用光学仪器和计算机设备对所获取的遥感信息进行校正、分析和解译处理的技术过程。信息处理的作用是通过对遥感信息的校正、分析和解译处理，掌握或清除遥感原始信息的误差，梳理、归纳出被探测目标物的影像特征，然后依据特征从遥感信息中识别并提取所需的有用信息。

4．信息应用

信息应用是指专业人员按不同的目的将遥感信息应用于各行业领域的过程。信息应用的基本方法是将遥感信息作为地理信息系统的数据源，供人们对其进行查询、统计和分析利用。遥感的应用领域十分广泛，最主要的应用有军事、地质矿产勘探、自然资源调查、地图测绘、环境监测以及城市建设和管理等。

（三）遥感监测方法划分

1．根据遥感平台高度划分

地面遥感，即把传感器设置在地面平台上，如车载、船载、手提、固定或活动高架平台等；航空遥感，即把传感器设置在航空器上，如气球、航模、飞机及其他航空器和遥感平台等；航天遥感，即把传感器设置在航天器上，如人造卫星、航天飞机、宇宙飞船、空间实验室等。

2．根据记录方式划分

根据记录方式划分为成像遥感和非成像遥感。

3．根据应用领域划分

根据应用领域划分为环境遥感、大气遥感、资源遥感、海洋遥感、地质遥感、农业遥感和林业遥感等。

4．根据传感器探测范围划分

按常用的电磁谱段不同分为可见光遥感、红外遥感、多谱段遥感、紫外遥感和微波遥感（赵英时，2003）。可见，光遥感是应用比较广泛的一种遥感方式。对波长为 0.4 ~ 0.7 微米的可见光的遥感一般采用感光胶片（图像遥感）或光电探测器作为感测元件。光摄影遥感具有较高的地面分辨率，但只能在晴朗的白昼使用。

红外遥感又分为近红外或摄影红外遥感，波长为 0.7 ～ 1.5 微米，用感光胶片直接感测；中红外遥感，波长为 1.5 ～ 5.5 微米；远红外遥感，波长为 5.5 ～ 1000 微米。中、远红外遥感通常用于遥感物体的辐射，具有昼夜工作的能力。常用的红外遥感器是光学机械扫描仪。

多谱段遥感即利用几个不同的谱段同时对同一地物（或地区）进行遥感监测，从而获得与各谱段相对应的各种信息。将不同谱段的遥感信息加以组合，可以获取更多的有关物体的信息，有利于判译和识别。常用的多谱段遥感器有多谱段相机和多光谱扫描仪。

紫外遥感指对波长 0.3 ～ 0.4 微米的紫外光的遥感。主要遥感方法是紫外摄影。

微波遥感指对波长 1 ～ 1000 毫米的电磁波（即微波）的遥感。微波遥感具有昼夜工作能力，但空间分辨率低。雷达是典型的主动微波系统，常采用合成孔径雷达作为微波遥感器。

现代遥感技术的发展趋势是由紫外谱段逐渐向 X 射线和 γ 射线扩展。从单一的电磁波扩展到声波、引力波、地震波等多种波的综合。

不同波段可用于不同的需求，如绿光段一般用来探测地下水、岩石和土壤的特性；红光段探测植物生长、变化及水污染等；红外段探测土地、矿产及资源。此外，还有微波段，用来探测气象云层及海底鱼群。

5. 根据工作方式划分

主动式遥感，即由传感器主动地向被探测的目标物发射一定波长的电磁波，然后接收并记录从目标物反射回来的电磁波；被动式遥感，即传感器不向被探测的目标物发射电磁波，而是直接接收并记录目标物反射太阳辐射或目标物自身发射的电磁波。

二、草原遥感监测方法与技术

一直以来，遥感技术以其快速、监测范围广的优势在全国草原资源调查监测中发挥了重要作用。2001—2002 年，学者们研究利用遥感技术快速查清全国草原资源的分布，并与 20 世纪 80 年代草地资源调查结果进行对比，这是遥感技术在全国范围草原资源调查监测中的一次重要应用（苏大学等，2005）。

（一）草原植被盖度遥感监测

植被盖度是指一定区域内全部鲜活植物个体地上部分（包括叶、茎、枝等）的垂直投影面积占区域总面积的百分比（章超斌等，2013），是植被生长状况的直观量化指标，能够表征生态系统植被群落生长状况及生态环境质量，其在精确量化土壤侵蚀、水土保持、陆—气相互作用和荒漠化治理等研究中占据重要地位（秦伟等，2006；张光辉等，2013；杜际增等，2015；纪磊，2012；曹宁等，2013）。

遥感技术是实现草原植被盖度图斑赋值与点面耦合的重要手段和桥梁。因此，建立高精度植被盖度估算模型对草原资源监测意义重大。草原植被盖度遥感监测方法可以概括为3种（田海静等，2014）：第一种是基于植被指数的估算方法，如经验模型法、植被指数法、像元分解模型法；第二种是基于数据驱动的机器学习估算方法，如决策树分类法、人工神经网络法；第三种是基于遥感物理过程模型的估算方法，如几何光学模型和辐射传输模型的估算等方法。遥感监测植被盖度的优点是可以快速获取植被盖度的空间分布，但缺点是当样地数据较少时，精度难以保证，因此，遥感与地面相结合开展草原监测是发展趋势。

可用于草原植被盖度监测的遥感数据源较多，常用的有MODIS卫星、Landsat卫星及我国高分系列卫星等。随着草原精细化管理的需求，草原管理对遥感监测的需求正在从区域性大尺度监测向逐图斑监测转变，以图管草的理念深入草原各级管理人员，因此兼顾光谱分辨率和空间分辨率的卫星数据源受到青睐。如利用10米空间分辨率13波段的多光谱数据建立了草原植被盖度分区分类模型（田海静等，2022），该方法已从2021年开展，用于全国林草生态综合监测中，在支撑草原植被盖度图斑赋值与精细化分析中发挥了重要作用。这种方法采用全年植被生长最旺盛时期影像合成、数据填补与平滑技术，数据每5天可覆盖全国一次，从2021年7~9月69391幅、约 140TB 影像中筛选出符合草原监测质量要求的多光谱遥感数据，最终获取的数据与外业调查时间间隔在 30 天之内。

（二）草原产草量遥感监测

一直以来，遥感技术在产草量估算中发挥了重要作用，常用的是基于 MODIS 遥感数据和全国草原部门测定的大量草原产草量样地样方等数据，分区域和草地类型构建草原产草量遥感模型。该方法在大尺度上监测精度达 80% 左右（农业部草原监理中心，2015）。

随着草原精细化管理的需求，自 2022 年开始，全国林草生态综合监测草原产草量遥感估算采用与植被盖度监测相同的数据源，可用于产草量图斑赋值与点面耦合分析，发挥了重要作用。

（三）草原植被长势和物候遥感监测

归一化植被指数（NDVI）是遥感领域中用来表征地表植被覆盖、生长状况的一个简单而有效的参数。随着遥感技术的发展，植被指数在环境、生态、农业等领域有了广泛的应用。基于旬度 NDVI 数据库，构建草原植被长势指数模型，实现每旬、每月全遥感草原植被长势监测；基于 NDVI 动态变化，利用阈值判定等方法，构建草原植被返青、盛期、枯黄遥感动态判别模型，局部监测精度达 90% 以上。

利用长时间序列植被指数数据，采用趋势分析模型，可实现草原植被长势的长时间序列稳定性变化趋势分析（田海静等，2020）。该方法与常用的某两年植被指数变化分析相比，获取的变化趋势显著性更强，变化趋势更稳定，不会因为某一年植被指数的忽高或忽低而影响评估结果（图 3-5）。

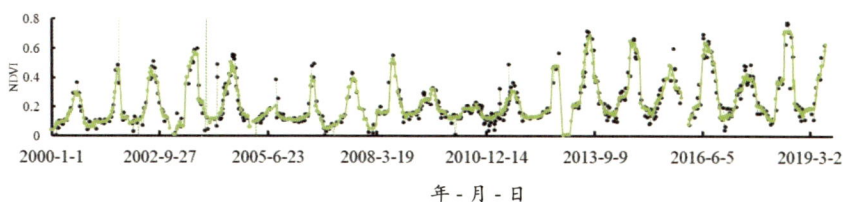

图 3-5 基于长时间序列遥感数据的草原植被长势连续动态监测

（四）县域单元草畜平衡遥感监测

将县级行政单元作为一个综合整体，突破了主流草畜平衡计算以局部自然区域为主进行研究和应用的限制，紧密结合我国草原区的特点，构建了草畜平衡计算模型，解决了我国牧区和半牧区县草畜平衡难以准确、快速评估的问题。该项技术已经在我国草原畜牧业行业中广泛应用。

（五）草原退化遥感监测

结合遥感技术的特点和我国的草原沙化的实际情况，完善了草原沙化和草原沙化遥感监测的概念，发展了草原沙化自动解译的遥感方法和技术，并分别对内蒙古、新疆、宁夏、西藏等省份的草原沙化进行了监测，揭示了草原沙化的时空分布规律。

（六）草原保护修复成效遥感监测

遥感凭借连续动态、客观高效监测的优势，在草原保护修复成效监测中发挥着重要的作用，既可以支撑大尺度分析，又可以支撑图斑尺度分析，且时间周期的长短可根据不同需求进行自由选择。如田海静等（2020）利用 2000—2019 年卫星植被指数分析了近 20 年我国北方草原植被长势动态，结果表明近 20 年我中国北方草原植被指数稳定性增长比例为 24%，在低纬度地区和湿润半湿润地区，草原恢复更加明显，而植被恢复不明显的区域主要分布在高纬度地区和干旱区。国家加强草原生态建设，加上有利气象条件，促进了草原生态质量的提升。但是在自然条件恶劣的地区，生态修复难度大，未来更应注重草原保护修复工程的长效性和连续性建设（田海静等，2020）。

三、草原遥感监测发展趋势

当前对地观测平台、遥感传感器种类和数量日益丰富，航空航天遥感向高空间分辨率、高光谱分辨率、高时间分辨率和多极化、多角度的方向迅猛发展。如何实现多源遥感数据之间的有效融合，从而挖掘出更多更有效的信息来服务好遥感监测，成为遥感应用领域内的一个研究热点问题。

从遥感数据采集角度来看，航天、航空、地面三类采集平台各有优劣。面向特定的监测任务，需要借助"天空地"一体化协同观测，实现多尺度（时间、空间、谱段）遥感数据的立体采集。从遥感数据应用角度来看，多源遥感数据融合可以提高数据来源的完整性和可靠性，可以提高目标监测和识别的准确性，可以提高变化监测和信息更新的能力。

（一）"天空地"一体化监测

面向特定监测任务，构建"天空地"一体化监测网，实现航天遥感巡查、航空遥感详查、地面遥感核查（图 3-6、表 3-1）。

卫星遥感（"天"）	无人机（"空"）	地面（"地"）
•高分辨率卫星	•人员难以到达地区的外业调查；	•全面采用 APP 开展调查
√为图斑区划提供清晰底图；	•辅助开展核查；	√任务下达与上传；
√年度变更主要依靠卫星图像；	•重点区域的精细化监测；	√数据采集录入；
√辅助开展核查。	•草原鼠害的精细化监测；	√智能测算盖度；
•中低分辨率卫星	•草原宣传展示图像拍摄。	√智能识别草种；
√年度监测中进行遥感估算；		√自动定位与导航；
√长时间序列用于成效评估。		√拓扑关系核查等。

图 3-6　"天空地"一体化技术手段在草原监测与管理中的应用范围

表 3-1　不同遥感平台优劣势对比

遥感平台类型	优势	劣势
航天遥感平台	大面积同步观测； 运行轨道稳定； 不受地区、国界限制； 成本低	分辨率受限
航空遥感平台	易操作； 机动性好； 分辨率高，适合于区域性专业应用； 周期短、效率高	续航能力、无人机姿态控制、全天候作业能力以及大范围动态监测能力较差
地面遥感平台	获取资料的速度快、周期短、时效性强； 数据分辨率高、测量精度高	观测范围小、成本高

"天"：利用遥感卫星进行宏观、大范围的较高频次监测；

"空"：利用航空遥感技术对重点关注区域进行小尺度的精确监测，满足单体事件和地方层面、局部区域的遥感监测需求；

"地"：在地面采用多种监测手段，实现精细化的综合监测。

（二）多源卫星协同监测

多源遥感数据融合是将包含同一目标或场景的，在空间、时间、光谱上冗余或互补的多源遥感数据按照一定的规则（或算法）进行运算处理，获得比任何单一数据更精确、完整、有效的信息，生成具有新的空间、时间、光谱特征的合成图像数据，以达到对目标和场景的综合、完整描述，使之更适合视觉感知或计算机处理。

多源遥感空间信息融合的优势主要表现如下：

（1）提高了数据来源的完整性和可靠性。

（2）提高影像利用率与应急监测（地震、洪水、台风）处理效率。

（3）提高了目标检测和识别的可靠性。

（4）提高了变化检测和信息更新的能力。

（5）提高了系统的容错性，降低了对单个遥感传感器的性能要求。

（三）遥感与人工智能技术融合发展

将 AI 运用于多源卫星影像处理，形成智能化、自动化的处理技术框架。例如，武汉大学以多源遥感卫星影像为例构建了一体化摄影测量遥感智能处理技术框架，通过语义信息提取与精准几何处理的交叉闭环融合，显著提升了高分辨率多源遥感卫星影像精准快速处理的自动化和智能化水平，多个应用实践初步验证了相关理论方法的正确性和有效性。

"遥感 +AI"已经逐步渗透行业。传统的卫星数据，尤其是遥感数据分析主要通过人工进行"目视解释"，受限于人工经验、生产效率和数据质量等问题，成果较为低下。利用计算机视觉技术解读影像、提取信息，将是卫星遥感数据智能的重要趋势，通过深度学习技术可以在确保成果质量的基础上，大幅提升效率。

基于卫星遥感的人工智能解译和信息提取技术，能够从海量的图像中提取目标物，自动分类，或区分边界信息，与业务深入融合，成为政企数字化业务的通用工具。

在大范围自然资源的巡查方面，遥感 AI 能够快速自动巡查，通过多时相影像对比，及时发现异常。在舰船检测方面，智能算法可以应用于敏感目标监测、黑船识别以及航运安全保障；水体识别方面，通过在轨分析处理，能够将水体的边界快速提取并下传，可应用于洪水的预警监测。

第四节 草原地理信息系统管理

一、地理信息系统主要管理方法和技术

地理信息系统（geographic information system，GIS）是由计算机硬件、软件和不同方法组成的，支持空间数据的获取、管理、分析、建模和显示，并可解决复杂的空间规划和管理问题的空间信息系统（陆守一等，2017）。从技术角度看，GIS 是在计算机软件和硬件的支持下，管理、分析和显示空间数据的技术系统。随着信息技术的迅猛发展和飞跃，GIS 提供的空间数据已成为整个社会的共享数据，GIS 和互联网技术、通信技术、三维技术、可视化技术结合越来越紧密，除传统的空间数据支撑能力以外，Web GIS、移动 GIS、三维 GIS 和可视化、时空 GIS 成为 GIS 空间信息服务新方法。

（一）空间数据获取

通过有关的数字化工具（如 PDA、扫描仪、数字化仪等），将各种与地理坐标相关的数据源输入，转换成计算机能够接受的数字格式，同时进行编辑、检查，并存入空间数据库。

（二）空间数据管理

GIS 数据不仅包括属性数据，还包括矢量图形数据。GIS 数据库

具有明显空间性，数据类型多、数据量大、数据结构复杂，数据管理要求比一般关系型数据库复杂。通常采用对象关系型数据库或面向对象的数据库管理系统，实现海量空间数据的高效存储和管理。

（三）空间数据处理和分析

数据处理和分析是 GIS 基础、核心功能，主要进行针对空间数据（矢量图形数据）的编辑、图形处理、坐标转换、数据类型转换、空间量算（长度、面积等）和空间数据的查询（属性查询、空间查询、空间属性联合查询等），以及空间数据分析（包括形态分析、地形分析、叠置分析、邻域分析、网络分析、图像分析、应用模型的分析等）。这部分功能的强弱将直接影响 GIS 应用能力和范围。

（四）空间数据制图和输出

系统将分析和处理的结果传输给用户。它以各种恰当的形式（可放大、缩小的地图，各类要素属性表，统计汇总成果等）显示，添加制图所需要的指北针、比例尺、图例、标题等要素，形成专题图件或专题图集，通过电子图件或纸质图件方式供用户使用。

（五）网络 GIS 和移动 GIS

传统的 GIS 是单机系统，互联网（Internet）的出现和普及，为网络地理信息系统（简称网络 GIS，也称 Web GIS）的发展提供了广阔的空间（陆守一等，2017）。尤其是万维网（world wide web，WWW）的出现，使地理信息服务和共享成为可能，分布在各地的用户能够查询、处理、分析和显示地理空间数据。随着 GML、WMS、WMTS、WFS 等地理信息服务的日益普及，GIS 从小众的专业应用转向越来越普及的社会服务和应用。

移动 GIS 是地理空间定位技术（GPS）、移动通信技术、互联网技术等关键技术在移动终端（如手机、PAD 等）上的集成和应用（陆守一等，2017），移动 GIS 是相对桌面 GIS 而言的，由于移动终端计算和存储能力的不足，移动 GIS 应该只包含桌面 GIS 中的部分主要功能。

（六）三维 GIS 和可视化

传统的 GIS 对空间信息通常以二维的图形界面展示，表现方式不直观且抽象，一般只有专业人士才会使用。实际上地理信息本身具有地域分布特征，其分布特征既表现在平面上的二维分布，也包含垂直方向三维分布。三维 GIS 能对真三维空间内的对象进行三维描述，三维 GIS 的展示效果相对二维平台有着得天独厚的优势，为空间信息的展示提供了更丰富、逼真的平台，使抽象难懂的空间信息更直观且易于理解。三维 GIS 应用领域广泛，在成果可视化、虚拟仿真等领域前景广阔，应用面广。

（七）时态 GIS

时态 GIS（Temporal GIS，简称 TGIS）是与传统的静态 GIS 相区别而言的一个概念，是能够跟踪和分析空间信息随时间的变化的一种 GIS。时间、空间和属性是空间地理实体三个固有特征，反映了空间地理实体的状态和演变过程（陆守一等，2017）。长期以来，由于信息技术发展水平限制以及人们认知的局限，时间信息和空间信息的获取和处理长期分离，传统的静态 GIS 大都有强大的空间信息处理能力，却无法有效处理时间信息，只能描述数据的瞬时状态。如果数据发生变化，新数据就直接代替旧数据，旧数据被删除或被备份。因此，静态 GIS 对数据状态变化的描述是模糊的，无法对数据的更新变化进行分析，更不能预测未来的趋势。

时态 TGIS 真正实现对地理现象空间、时间、属性完整、准确的描述，实现时空数据统一存储和管理，提供静态 GIS 在时序和时空方面未有的功能，包括多时序数据高效存储、历史数据归档、多时序数据图表分析、时间动画、时空分析、时空数据的可视化等。时空分析是时态 GIS 的核心，时空分析模块应包括时空数据的分类、时间量测、基于时间的平滑和综合、变化的统计分析、时空叠加、时间序列分析以及预测分析等。

时态 GIS 可以应用于很多领域，包括地籍变更、资源监测、环境监测、抢险救灾、交通管理、地质矿山、海洋监测等。

二、草原 GIS 管理方法与技术

我国草原面积大、类型多、地理分布范围广，是我国最大的陆地自然生态系统。草原信息资源属于典型的地理空间信息资源，随着 GIS 技术的不断发展和普及应用，利用 GIS 方法和技术开展草原资源数据管理和行业应用，成为越来越普遍的现象，GIS 在草原资源数据采集、草原空间数据库管理、草原数据空间和时间分析、草原信息三维展示和可视化、业务应用系统和信息共享和服务等领域，发挥着基本管理工具的重要作用。

（一）草原资源数据采集

在早期的草原资源调查监测工作中，通常通过野外采集样地数据、填写纸质的调查表等人工记录方式获取调查现场数据，然后在内业工作中通过 Excel 等工具录入调查图斑或样地的属性因子，建立草原资源属性库进行管理和应用。GIS 技术得到普遍应用后，在草原基况监测、年度监测或有害生物调查等各专项调查工作中，通常研发基于 GIS 的草原图斑或者草原样地采集工具，利用数字化工

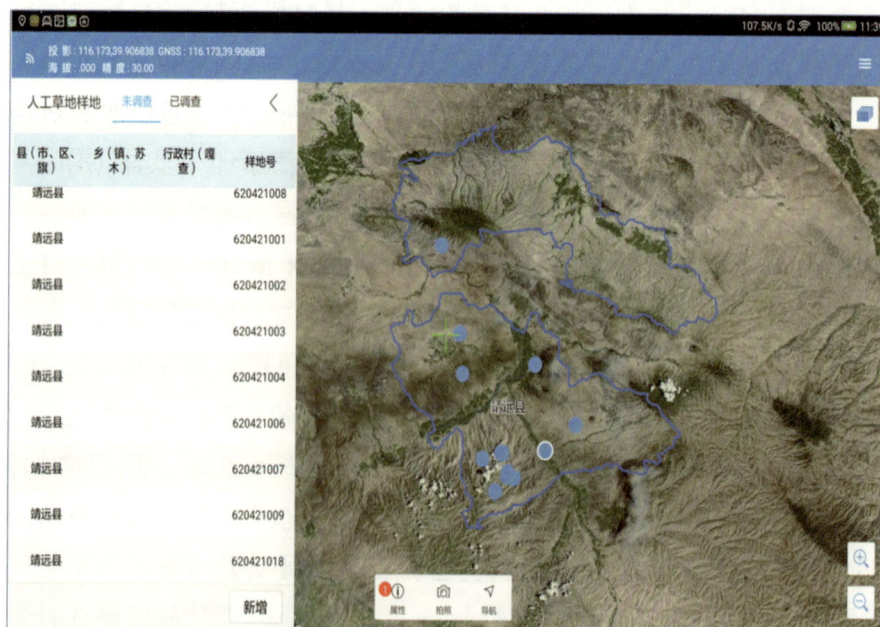

图 3-7 未调查人工草地样地分布示意

图 3-8　人工草地样地属性因子录入示意

具（如 PDA、手机等），直接在外业现场获取图斑边界坐标或样地点坐标，获取调查对象的各项属性因子，保存为可交换的 GIS 数据格式，编辑、质检后存入空间数据库。2022 年全国林草生态综合监测工作中草原样地数据采集软件如图 3-7 至图 3-8 所示。

（二）草原空间数据库管理

随着 GIS 空间属性一体化管理技术的成熟，针对空间对象的数据库管理技术也越来越便捷。在草原空间数据库管理工作中，草原图斑边界坐标信息、样地或样方的位置信息，全部可以精准地保存在有坐标系统的空间数据库里，与图斑或样地样方属性因子实现一体化的管理，包括图库一体化编辑、查询、更新、导入导出和存储备份等。

（三）草原数据空间和时间分析

在 GIS 空间分析技术的支撑下，可以针对草原资源空间数据开展各种基本的空间操作、空间查询和空间分析。空间操作包括开展图斑 / 样地边界或位置编辑调整、坐标转换、图斑面积量算、样线长度计算、样方距离量算等；空间查询包括根据草原资源属性因子查询空间位置、根据空间信息查询属性因子等，如根据行政区查询落在该行政区的所有样地及空间分布信息，根据框选的空间范围选出该空间范围之内的所有样地，并显示样地属性信息；空间分析包括各种空间关系分析等，如对草原样地周边的公共交通路况分析，草原图斑与林地、耕地是否有交叉重叠的分析等。某草原小班中一目标图斑面积和周长测量如图3-9所示。

GIS空间分析技术增强了时间管理功能，可以对不同年度的草原年度监测成果开展时间分析，如追溯草原历史数据，分析草原未来若干年面积、年产草量、碳储量变化趋势等，辅助开展草原信息动态管理。

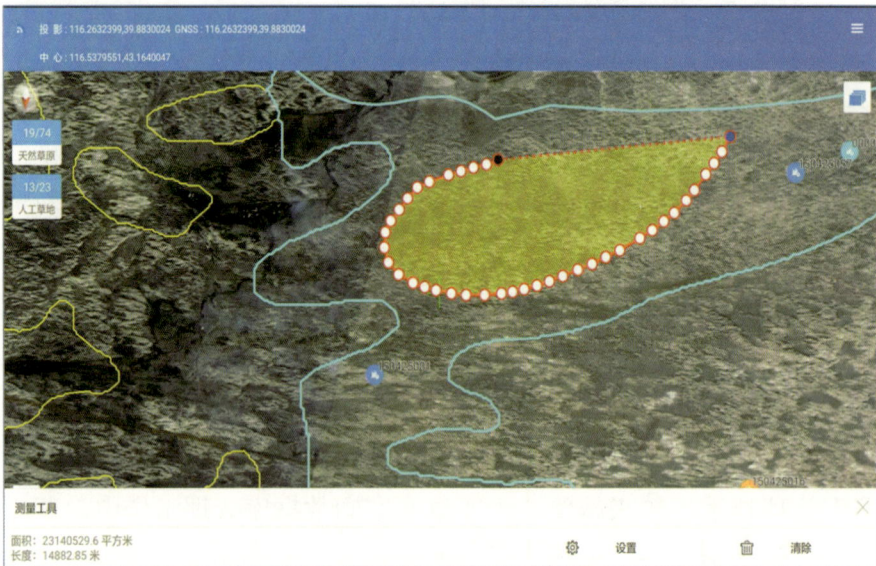

图3-9　目标区域面积和周长量算

（四）草原信息三维展示和可视化

在GIS统一的地理空间显示系统里，全国各地的草原图斑、样地、样方等空间管理对象可以与行政界、居民点、河流、道路等基础地理要素一起，共同显示在地理空间信息系统中，开展各种操作和应用。在地形数据（如数字高程模型DEM）等高程数据支撑下，还可以实现草原图斑、样地等要素的三维展示，使得草原图斑或样地分布或位置图看上去更直观且易于理解。

当前场景可视化技术发展迅速，GIS 结合单体建模技术、可视化和虚拟仿真技术，可以建立主要草种的单株三维模型，逼真展示出大场景下较为典型的草原场景，包括草地类、草地型、优势草种、数量、平均高等多项关键因子。某可视化平台种草功能界面如图 3-10 所示。

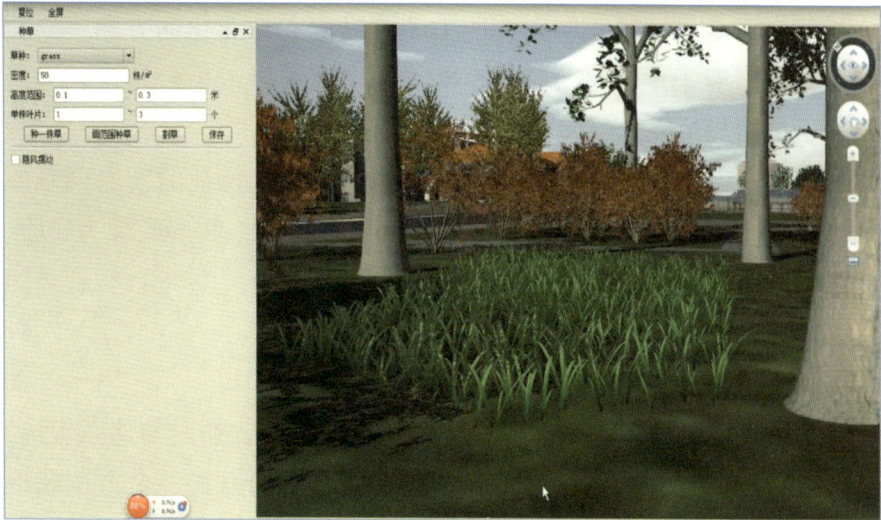

图 3-10　在指定区域内种草示意

（五）草原 GIS 信息系统管理和信息服务

当前，围绕着草原各项业务需求，各地研发了多种类型的草原 GIS 信息管理系统，实现草原调查监测成果管理、种草落地上图、草原补奖、草原承包租用管理、草原防火管理和损失评估、草原有害生物防治管理等各项业务应用需求。这些基于 GIS 的业务系统的广泛应用，为草原管理提供越来越便捷、高效的辅助管理和决策工具。

随着 GIS 网络功能的日渐强大和草原管理生产实践的应用需求，草原资源信息开始通过网络 GIS 平台，在网络上实现草原数据浏览、编辑、查询和分析。同时草原资源专题图产品，如全国草原资源分布图、全国草原分区图等可以以网络地图服务形式在网上发布，方便授权用户获取各种草原信息在线服务。

三、GIS 技术发展和草原应用趋势

当前，GIS 技术发展迅速，一方面是 GIS 自身空间管理功能不断扩展和增强；另一方面与空间定位技术、遥感技术、可视化技术、移动互联网、物联网、大数据等相关技术不断融合，使得 GIS 海量数据管理能力、移动网络服务能力、信息产品服务模式、时空交互分析能力、全景可视化和建模能力朝着纵深和专业化的方向不断突破和发展。对于用户来说，GIS 操作越来越友好，平台越来越大众化，而功能却越来越强大和智能。

当前，我国已建立起以"四梁八柱"为基本特征的新时期草原监测评价体系，新时期草原监测以第三次全国国土调查成果为底版，以草原图斑管理为基本单元。

（一）数据采集

数据采集将朝着"天空地"一体化方向发展，通过与遥感影像、有/无人机、物联感知与实地抽样调查相结合的方式，全方位获取草原调查监测基础数据。

（二）空间数据库管理和更新

草原调查监测数据统一管理，可实现空间海量数据和时间序列数据的高效存储和检索。草原资源数据变化更新能力得到增强，草原生态修复和生态工程数据普遍落地上图，草原重点监测指标内容实现及时动态更新，并作为变化数据源更新草原资源现状数据。

（三）数据分析

基于时间序列的分析能力、数据挖掘和大数据分析能力得到增强，将从数据的空间和时间关系出发，对调查监测数据开展时间、空间和时空一体化的数理统计、分析评价与科学预测，掌握不同类别的调查监测指标的发展规律，分析预判草原资源和生态变化动态，实现草原历史数据追溯和发展动态趋势预测，并建立监测评估和预警机制。

（四）数据可视化

建立起大规模草原场景下草地仿真模型，实现以图斑为基础管理单元的全景三维展示。

（五）业务应用和信息服务

GIS 在草原管理领域的业务应用朝着全方位、智能化方向发展。信息服务的内容指标的深度、成果展现形式、对各种融媒体数据服务能力，将得到极大增强。信息共享将从行业部门普及到社会公众，为政府、企业和社会各方面提供真实可靠和准确权威的草原管理信息。

第四章
草原基况监测

第一节　监测范围和基本单位

　　草原基况监测范围包括第三次全国国土调查范围内草地和第三次全国国土调查草地范围外符合草地属性定义的草地及其他草资源。其中，第三次全国国土调查范围外符合草地属性定义的草地或第三次全国国土调查范围内拟申请调出的草地结合第三次全国国土调查年度变更进行调整。

　　第三次全国国土调查范围内草地是草原主管部门管理的重点，也是草原基况监测的重点，需进行系统区划，全面查清面积、分布、类型和利用等情况；第三次全国国土调查草地范围外符合草地属性定义的草地要查清类型、植被状况等情况。上述范围外的其他草资源要充分利用国土调查、森林、湿地等调查成果，了解草资源生长状况和产草量等情况，满足草原管理延伸性工作需求，该部分内容各省份可根据实际情况逐步开展。

　　开展草原基况监测的基本单位为县级行政区域，东北、内蒙古重点国有林区以国有林业经营单位为基本单位。自然保护地、国有（营）林（农、牧）场、经济开发区等国有企事业单位是否作为独立的调查单位，由省级林草主管部门确定。

第二节　技术路线

以第三次全国国土调查及上一年度变更数据成果为基础，充分利用已有草原调查监测及其他相关资源调查监测资料，通过建立判读解译标志进行遥感判读，区划草班、小班。结合现有草原监测点布设典型样地，调查实测样地、样方相关数据，利用遥感建模、反演分析等及第三次全国国土调查图斑因子信息转录等方式，多渠道获取小班因子数据。通过国家核查、省级验收等不同层级质量把关，确保数据真实性和成果质量。数据成果采取各片区先汇总、国家再汇总方式，实现全国数据成果统一汇交、统一汇总。

技术流程主要分为工作准备、室内判读区划、外业调查、质量控制和成果汇总五个方面，如图4-1所示。

第三节　草班、小班区划

一、区划系统与原则

（一）区划系统

草原区划系统为七级区划系统，区划系统如下：

省（自治区、直辖市）→市（州、地区、盟）→县（市、区、旗）→乡（镇、苏木）→行政村（嘎查）→草班→小班。

（二）区划原则

（1）草原区划落界只区划落实草地小班，其他草地资源根据落界的可能性进行确定，如景观绿地、高尔夫球场等。

（2）县、乡、村各级行政界线以本次第三次全国国土调查使用的行政界为准，确保各级行政界线无缝拼接。

（3）第三次全国国土调查图斑只做细分，不做界线整型和合并。

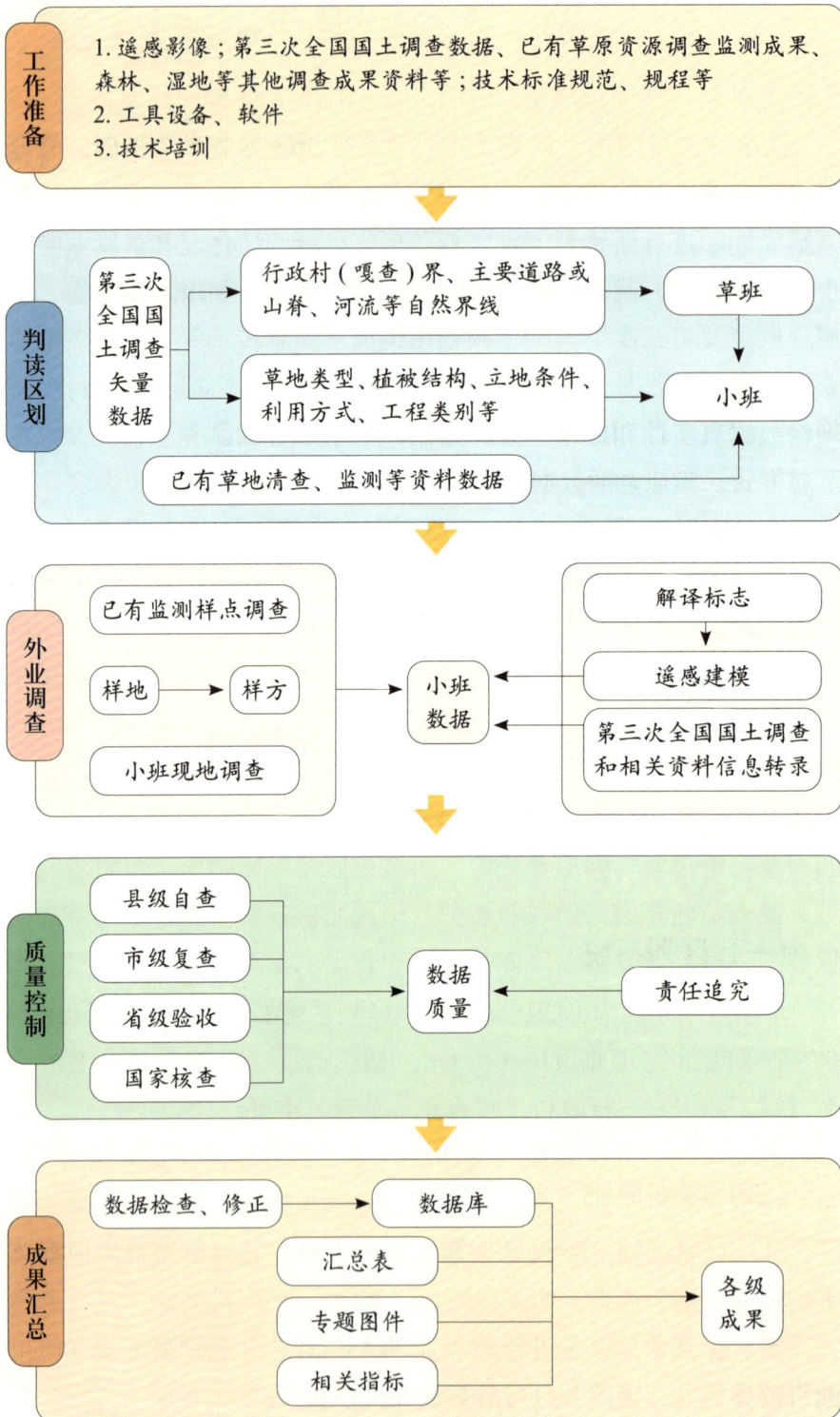

工作准备
1. 遥感影像；第三次全国国土调查数据、已有草原资源调查监测成果、森林、湿地等其他调查成果资料等；技术标准规范、规程等
2. 工具设备、软件
3. 技术培训

判读区划
第三次全国国土调查矢量数据
行政村（嘎查）界、主要道路或山脊、河流等自然界线 → 草班
草地类型、植被结构、立地条件、利用方式、工程类别等 → 小班
已有草地清查、监测等资料数据

外业调查
已有监测样点调查
样地 → 样方
小班现地调查
→ 小班数据
解译标志
遥感建模
第三次全国国土调查和相关资料信息转录

质量控制
县级自查
市级复查
省级验收
国家核查
→ 数据质量 ← 责任追究

成果汇总
数据检查、修正 → 数据库
汇总表
专题图件
相关指标
→ 各级成果

图 4-1 技术流程

（4）国营草场（牧场、农场）、国家公园、自然保护区、自然公园等应落实范围界线。

二、草班区划

（一）草班定义

草班是为便于开展草原保护修复和合理利用而划定的长期的、固定的草原经营管理单元，是村级行政界线和管理区界线之下的相对稳定的区划单元。

（二）区划原则

（1）草班面积不宜超过 6000 公顷；草班图形不存在多部件（每个草班内草地空间相连），零散分布的草地图斑，每个图斑作为一个草班。

（2）以行政村（嘎查）界、主要道路或山脊、河流等自然界线作为草班界线，草班界线不能跨越行政村(嘎查)及其他管理单位(如保护地、牧场等）界线。

（3）为了便于草原资源管理，草班界线、编号要保持相对固定，无特殊情况不宜更改。

（4）以行政村（嘎查）为单位对区划的草班按由北向南、从西到东的顺序进行编号，保留 4 位整数。

（三）区划方法

根据草班区划原则，将大面积连续草地范围进行切割，划分草班；对零散草地范围达不到划分条件的直接作为草班。

三、小班区划

（一）小班定义

小班是草原基况监测的最小区划单元，是草班的下一级区划单位。小班内部特征基本一致，与相邻地段有明显区别，所采取的经营管理措施相同。

（二）区划原则

（1）小班区划要有利于草原资源管理和经营的需要，小班区划时应按照区划条件尽量以明显地形地物界线为界。

（2）草地范围界线不宜打破（调整），对大面积达到小班区划条件的大块草地图斑进行区划分割，新区划的小班最小区划面积原则上不小于 400 平方米。

（3）第三次全国国土调查原有孤岛草地图斑面积小于 400 平方米的予以保留。

（4）小班编号以草班为单位进行顺序编号，编号规则为在草班内从北向南、从西向东按顺序对草地小班编排小班号，保留 4 位整数。

（三）小班区划条件

1．权属不同

区分草地所有权，各省份根据实际情况确定是否区分草地使用权、草地经营权。

2．草原类别不同

区分天然草原、人工草地和其他草地。

3．草原类型不同

各省份根据实际情况确定是否区分草原型。

4．利用方式不同

区分开全年放牧、冷季放牧、暖季放牧、打（割）草、自然保护、景观绿化、科研实验、水源涵养、固土固沙等利用类型。

5．立地条件不同

选择由于坡向、海拔区段等立地条件不同影响到草原资源状况差异的因素作为区分条件。

6．植被结构不同

区分草本型、灌草型、乔草型和乔灌草型。

7．工程类别不同

区分不同工程类别。

8. 草地植被盖度不同

植被盖度相差 30% 以上需要区分开。

（四）小班区划方法

利用 GIS 平台软件，将遥感判读后形成的判读矢量数据叠加在遥感影像图上，再叠加相关区划条件数据，如地形数据、权属资料、草原类别资料、利用方式、生态红线等资料，按照小班区划原则和条件对草地图斑进行细分。

第四节　数据库属性赋值

一、赋值方法

（一）现地调查

结合样地、样方调查结果，综合考虑草原类型分布情况，各省份根据自身实际按照一定比例选择具有代表性的线路开展现地调查获取小班因子。调查路线所穿越的地段能够反映调查区域草地及其生长特征变化的规律性和典型性。应尽可能考虑到交通状况，能够穿越随地形而发生变化的草地部位。根据地形复杂程度，必要时可以在调查的主要路线上设置支路线，作为两条路线间的补充。

对现地调查的小班进行拍照，并进行编号，与小班一一对应。

（二）基本信息转录

对省（自治区、直辖市）、市（州、地区、盟）、县（市、区、旗）、乡（镇、苏木）、行政村（嘎查）等基本信息进行直接转录赋值。

（三）同类属性赋值

通过遥感影像解译，结合样地、样方调查成果、档案资料，对均质程度高的同类小班草原类型、草原类别、植被结构、草产量、土层厚度、土壤质地等属性进行赋值。

（四）叠加分析赋值

对已有最新草原调查监测数据、草地承包、奖补政策、利用方式、分区轮牧、基本草原、土地权属、保护修复工程数据等与小班区划数据进行叠加分析，对小班属性进行赋值。

（五）遥感反演赋值

产草量赋值还可通过遥感反演方式进行赋值，基于外业监测样地、样方植被盖度和产草量，利用卫星遥感影像建立植被指数与产草量估算模型，推算反演产草量。

（六）经验模型测算赋值

根据各省份情况，采用已有经验模型对相关因子进行测算赋值。牧草干重可通过牧草干鲜比进行测算赋值；可食牧草鲜草产量和可食牧草干草产量可通过可食草所占比例进行测算赋值。

各省份根据情况，基于外业调查样地、样方数据，在全省尺度选择建立遥感影像草产量模型或植被盖度草产量模型。

（七）数字高程模型赋值

对地形因子，如海拔、地貌、坡度、坡向等因子可通过数字高程模型进行计算赋值。

二、因子赋值

对不同因子选择不同的赋值方法进行因子赋值。

（一）转录赋值

以下因子通过转录第三次全国国土调查属性因子直接转录赋值，并按对应代码进行填记。

(1) 省（自治区、直辖市）：填写规范行政代码。例如：云南省 53。

(2) 市（州、地区、盟）：填写规范行政代码。例如：云南省昆明市 5301。

（3）县（市、区、旗）：填写规范行政代码。例如：云南省昆明市五华区 530101。

（4）乡（镇、苏木）：填写规范行政代码。

（5）行政村（嘎查）：填写规范行政代码。

（6）面积：利用 GIS 平台软件求算，单位为公顷，保留 4 位小数。

（7）起源：分天然草原、人工草地填写代码。

（8）地类：根据遥感判读、资料叠加分析或现地调查等方法，按第三次全国国土调查二级地类代码填写草地现状地类。

（9）第三次全国国土调查地类：转抄第三次全国国土调查地类，填写代码。

（二）软件编号

以下因子通过利用 GIS 平台软件进行编号。

（1）草班号：填写 4 位数字编号。例如：0001。

（2）小班号：填写 4 位数字编号。例如：0001。

（三）资料收集

（1）草地所有权：分国有、集体填写代码。

（2）草地使用权：分国家、集体、个人、其他填写代码。

（3）草地经营权：分经营权填写代码。

（4）工程项目类别：分为退牧还草、京津风沙源治理、退耕还草、退化草原人工种草生态修复、其他工程，填写代码。

（5）工程项目等级：分为国家级和地方级，填写代码。

（6）工程项目开始实施年度：数字格式，如 2010。

（7）工程项目实施年限：数字格式，如 3 年。

（8）奖补政策情况：分为草畜平衡区、禁牧区、未纳入奖补范围，填写代码。

（9）利用方式：分为全年放牧、冷季放牧、暖季放牧、打（割）草、自然保护、景观绿化、科研实验、水源涵养、固土固沙、其他利用方式、未利用等类型，填写代码。

（10）划区轮牧：是否为分区轮牧，填写代码。

（11）基本草原：填写是否划定为基本草原，填写代码。

（四）现地调查和遥感赋值

（1）草原类：分温性草甸草原、温性草原、温性荒漠草原、高寒草甸草原、高寒草原、高寒荒漠草原、高寒草甸、低地草甸、山地草甸、沼泽草甸、温性荒漠、温性草原化荒漠、高寒荒漠、暖性草丛、暖性灌草丛、热性草丛、热性灌草丛、干热稀树灌草丛、温带稀树草原和人工草地，填写代码。

（2）资源类型：分第三次全国国土调查划定的草地（含不在草原管理部门职责范围内拟调出的草地，例如城市草坪、绿地等）、拟纳入第三次全国国土调查的草地、其他草资源，填写代码。

（3）草原类别：分天然草原、人工（栽培）草地和其他草地，填写代码。根据遥感判读、资料叠加分析或外业调查进行赋值。

（4）草原型：草原型分为824个型，填写代码。

（5）功能类别：分为生态公益类草原、生产经营类草原、生活服务类草原和综合功能用途类草原，填写代码。可叠加生态红线、保护地整合优化成果、其他能够反映功能类型的材料进行叠加赋值。

（6）植被盖度：填写整数，单位为百分比。可通过同类型属性赋值、遥感植被指数反演赋值。

（7）单位面积鲜草产量：填写数值，单位为千克/公顷，保留1位小数。可根据遥感反演模型、盖度产草量模型、同类型属性赋值等方法进行赋值。

（8）小班鲜草产量：填写数值，单位为千克，保留1位小数。

（9）小班干草产量：填写数值，单位为千克，保留1位小数。

（10）小班可食牧草鲜草产量：填写数值，单位为千克，保留1位小数。

（11）小班可食牧草干草产量：填写数值，单位为千克，保留1位小数。

（12）裸斑面积比例：填写整数，单位为百分比。可通过同类型属性赋值、遥感植被指数反演赋值。

注：鲜草产量、干草产量、可食牧草鲜草产量、可食牧草干草产量 4 个因子可通过各省份经验模型或同类型属性赋值的方法进行赋值。

（13）净初级生产力：填写数值，单位吨 C/（年·公顷），保留 1 位小数。

（五）现地调查和模型测算

（1）生物量密度：填写数值，单位为吨 / 公顷，保留 1 位小数。

（2）碳储量密度：填写数值，单位为吨 / 公顷，保留 1 位小数。

（3）土壤碳密度：填写数值，单位为吨 / 公顷，保留 1 位小数。

（4）草原级：按照一级、二级、三级、四级、五级、六级、七级、八级，填写代码。

（六）矢量数据提取赋值

（1）生态红线：是否划入生态红线，填写代码。

（2）草原分区：按照蒙古高原草原区、西北山地盆地草原区、青藏高原草原区、东北华北平原山地丘陵草原区、南方山地丘陵草原区，填写代码。

（3）重点战略区：按照长江经济带、黄河高质量发展区、京津冀协同发展区，填写代码。

（4）国家公园：按照三江源国家公园、大熊猫国家公园、东北虎豹国家公园、海南热带雨林国家公园、武夷山国家公园，填写代码。

（5）重点生态功能区：按照大小兴安岭森林生态功能区、长白山森林生态功能区、阿尔泰山地森林草原生态功能区、三江源草原草甸湿地生态功能区、若尔盖草原湿地生态功能区、甘南黄河重要水源补给生态功能区、祁连山冰川与水源涵养生态功能区、南岭山地森林与生物多样性生态功能区、黄土高原丘陵沟壑水土保持生态功能区、大别山水土保持生态功能区、桂黔滇喀斯特石漠化防治生态功能区、三峡库区水土保持生态功能区、塔里木河荒漠化防治生态功能区、阿尔金山草原荒漠化防治生态功能区、呼伦贝尔草原草甸生态功能区、科尔沁草原生态功能区、浑善达克沙漠化防治生态功能区、阴山北麓草原生态功能区、川滇森林及生物多样性生态功能区、秦巴生物多样性生态功能区、藏东南高原边缘森林生态功能区、藏西北羌塘高原荒漠生态功能区、三江平原湿地生态功能区、武陵山区生物多样性与水土保持水土功能区、海南岛中部山区热带雨林水土功能区，填写代码。

(6) 重要生态系统保护和修复区：按照青藏高原生态屏障区、黄河重点生态区、长江重点生态区、东北森林带、北方防沙带、南方丘陵山地带、海岸带，填写代码。

（七）评估赋值

(1) 草地健康：按照健康、亚健康、不健康、极不健康，填写代码。

(2) 草原等级：按照一等、二等、三等、四等、五等，填写代码。

（八）现地调查

(1) 优势度：填写整数，单位为百分比。

(2) 植被结构：分为草本型、灌草型、乔草型、乔灌草型，填写代码。可通过遥感影像判读、叠加草原调查成果、森林资源调查成果、荒漠化调查成果等资料进行叠加赋值。

(3) 土壤厚度：按照土层厚度分厚层土、中层土、薄层土，填写代码。

(4) 土壤质地：分砂土、砂壤土、壤土、黏壤土、壤黏土和黏土，填写代码。

(5) 调查人员：填写姓名。

(6) 调查日期：填写调查日期，如 20210309。

(7) 备注：需备注的内容。

（九）地理信息提取

(1) 海拔：填写海拔数值，取整数。

（2）地貌：分盆地、平原、丘陵、低山、中山、高山、极高山等，填写代码。

（3）坡度：按坡度等级划分标准分平坡、缓坡、斜坡、陡坡，填写代码。

（4）坡向：按坡向划分为东、南、西、北、东北、东南、西北、西南、无坡向、全坡向，填写代码。

第五节　数据质检与入库

草原基况图斑数据库属性赋值后，还需进行数据质检，待质检无误后，方可添加到草原基况数据中。

一、数据质检与方法

根据草原基况数据之间的关系，制定了数据质检规则，草原基况数据需要全部通过质检后，再进行数据入库。

二、数据入库与方法

将经过数据质检且全部合格后的数据导入预先设计的数据库，对草原基况数据进行保存和使用。

第六节　汇总分析

一、数据处理

对样地、样方调查因子进行预处理，包括样地及组成植物的鲜重、干重、产草量样地植被盖度、单位面积鲜草产量、单位面积干草产量、可食牧草比例、毒害草比例等的计量。同时，在草原基况监测数据中还可根据需要，通过区域统计、空间分析等功能产出各类统计数据、图件与报表。

二、指标计算

（一）草原面积及构成数据

从草原专题数据库，统计产出草原面积及构成数据。

（二）草原综合植被盖度

计算公式如下：

$$G = \sum_{i=1}^{n} G_i \times I_i \tag{4-1}$$

式中：G 为区域草原综合植被盖度；G_i 为第 i 个小班的植被盖度；I_i 为第 i 个小班的面积权重；i 为小班序号。

$$I_i = M_i / (M_1 + M_2 + M_i) \tag{4-2}$$

式中：M_i 为第 i 个小班的面积。

（三）草原覆盖率

计算公式如下：

$$草原覆盖率 = \frac{植被盖度 \geqslant 20\% 的草原面积}{国土总面积} \times 100\% \tag{4-3}$$

（四）合理载畜量

根据样地、样方调查，结合遥感建模分析测算合理载畜量。

计算公式如下：

$$C = \frac{Y_f \times R_{hg} \times R_u}{I_d \times G_d} \tag{4-4}$$

式中：C 为合理载畜量，标准羊[*]单位（个／公顷）；Y_f 为单位

---

[*]1 只体重 45 千克、日消耗 1.8 千克草地标准干草的成年母绵羊，或与此相当的其他家畜为一个标准羊单位，简称羊单位。

面积鲜草产量（千克/公顷）；R_{hg} 为可食草本植物干鲜比；R_u 为草地利用率（%）；I_d 为羊单位日采食干草量 [1.8 千克/（个·天）]；G_d 为放牧天数（天）。

大家畜中家牦牛（参照玉树牦牛 >350 千克）为 5 个标准羊单位，体重小于 400 千克的黄牛为 5 个标准羊单位，体重在 400～500 千克之间的黄牛为 6.5 个标准羊单位。

野生动物中藏野驴（参照大型驴 >200 千克）为 4 个标准羊单位，藏羚羊（成年藏羚羊体重 45～60 千克）为 1.2 个标准羊单位。

无或无明显退化草地利用率 50%、轻度退化草地利用率 40%、中度退化草地利用率 20%、重度退化草地禁牧。

（五）草原草产量

根据小班草产量统计汇总。

三、报表产出

导入数据库软件中的草原基况数据可产出全国—省—市—县—重点战略区—国家公园—重点生态功能区—重要生态系统保护和修复重大工程区在内的 266 套统计报表。另外，还可依据制定的统计方式对全国任意区域范围内的草地相关数据进行统计和报表产出。

第七节　调查成果

一、文字成果

主要包括草原基况监测报告、各省份草原基况监测操作细则、质量核查报告、其他专题报告等纸质版和电子版。

二、表格成果

主要包括样地（样方）调查记录表、各级质量检查验收表、各类统计表等纸质版和电子版。

三、图件成果

主要包括草原资源分布图、草原类（类组）分布图、草原功能类别分布图、其他专题图。

四、数据库成果

主要包括草原基况监测成果数据库、样地（样方）布设和调查成果数据库、基础地理信息数据库等。

五、影像数据

主要包括调查用的栅格数据、现地调查视频照片以及样地多光谱无人机影像等。

六、其他数据资料

主要包括专题成果、图表等。

第五章

草原动态监测

第一节　目标任务

一、监测目标

草原年度动态监测的主要目标是及时掌握草原资源年度动态变化，为草原保护修复和合理利用提供科学支撑。根据草原资源、生态和植被特点，面向草原日常管理服务需求，对草原即时性变化进行动态跟踪监测，定期获取监测数据，发布动态监测信息。采用抽样调查与图斑监测相结合的方法，"天空地"一体化的技术手段，定期获取各类监测数据，发布动态监测信息，产出全国、省、县和重点区域草原年度监测指标，为编制全国草原监测报告、林草长制考核、草原监管提供支撑。

二、监测任务与方法

草原年度动态监测任务重点是对草原即时性变化进行跟踪监测，定期获取监测数据，包括物候期荣枯变化、草原植被生长动态、草原生态修复工程与政策实施效果、草原放牧利用和草畜平衡等内容。具体任务如下。

（一）草原盛期监测

在草原生长盛期开展草原资源调查监测，获取综合植被盖度、产草量、碳储量等内容。目前除香港、澳门、台湾之外的全国 31 个省份已全面开展草原年度监测。

1. 监测指标

主要监测指标包括草地面积、地类、草原类型、权属、草原综合植被盖度、鲜草总产量、干草总产量、单位面积鲜草产量、单位面积干草产量、可食牧草比例、毒害草比例、裸斑面积比例、草群平均高度、植物种数、理论载畜量、净初级生产力、生物量、生物量密度、植被碳储量、植被碳储量密度、土壤碳储量、土壤碳储量密度、草原健康、草原等、草原级等。

2. 监测方法

（1）草地面积、地类、草原类型、权属等指标通过图斑出数。

（2）草原综合植被盖度、鲜草总产量、单位面积鲜草产量、单位面积干草产量、可食牧草比例、毒害草比例、裸斑面积比例、草群平均高度、植物种数等指标通过样地调查出数。

（3）理论载畜量、净初级生产力、生物量、生物量密度、植被碳储量、植被碳储量密度、土壤碳储量、土壤碳储量密度、草原健康、草原等、草原级等指标通过建模测算。

其中，植被盖度、鲜草总产量、干草总产量、单位面积鲜草产量、单位面积干草产量、净初级生产力、生物量、生物量密度、植被碳储量、植被碳储量密度、土壤碳储量、土壤碳储量密度、草原健康、草原等、草原级等指标需赋值到所有草原小班，更新草原基况监测成果。

（二）草原返青、枯黄监测

重点在河北、山西、内蒙古、辽宁、吉林、黑龙江、四川、云南、西藏、甘肃、青海、宁夏、新疆等13个省份开展。

（三）草原工程成效监测

在草原工程实施省份开展。

（四）草畜平衡监测

在河北、山西、内蒙古、辽宁、吉林、黑龙江、四川、云南、西藏、甘肃、青海、宁夏、新疆等 13 个省份开展，重点是六大牧区（西藏、内蒙古、新疆、青海、甘肃、四川）。

在开展年度草原动态监测期间，进行草原资源基况监测、生态评价的资料积累，对局部地块、个别指标进行年度性补充更新，为定期开展草原基况监测和生态评价提供基础支撑。

三、周期与时间节点

监测周期为每年开展一次，与草原生态评价和草原基况监测结合开展。

每年 5 月 20 日前，完成草原返青地面监测及数据提交；完成草原生长盛期监测方案制定与样地布设、下发。

5 月 30 日前，完成草原返青数据审核。

9 月 30 日前，完成盛期样地调查，包括样地、样线、样方、植物记录表等；完成草原工程效益地面监测、草畜平衡调查及数据提交。

10 月 20 日前，完成盛期样地数据汇总与数据检查，多光谱遥感数据收集处理和草原图斑本底汇总入库；完成草原枯黄地面监测及数据提交。

10 月 30 日前，完成草原枯黄数据审核。

11 月 10 日前，完成各省份草原综合植被盖度、产草量、碳储量等指标测算；完成草原图斑属性赋值与点面耦合，草原碳汇、草原等、草原级评价及全国重点战略区、国家公园、重要生态系统保护修复区、重点生态功能区、主要流域等各类重点或关注区域草原资源指标统计。

12 月 31 日前，完成统计报表、专题图制作、报告编制和草原数据库入感知系统"图数库"。

四、技术要求

（一）基础数据要求

（1）平面坐标系统采用 CGCS2000 国家大地坐标系。

（2）高程系统采用 1985 国家高程基准。

（3）地图投影方式采用高斯—克吕格投影。

（4）草原植被盖度、产草量建模遥感数据源要求：空间分辨率不低于 20 米；包含波段数不少于 6 个波段，且应包括近红外、短波红外波段；北方地区时相在当年 6～8 月，南方地区在当年 5～9 月；影像时间与外业调查时间间隔在 30 天之内；单景云盖度低于 5%，影像色调清晰；影像不可出现明显噪声和缺行；进行过遥感影像正射校正、标准分幅处理。

（二）调查精度要求

（1）样地定位精度优于 1 米，固定样地复位率要求达 98% 以上。

（2）草群平均高度调查精确到 1 厘米。

（三）抽样精度要求

（1）以省份为总体，六大牧区产草量精度达 95% 以上，其他省份产草量精度达 85% 以上。

（2）以省份为总体，草原综合植被盖度精度达 95% 以上。

五、技术依据

（1）《国土空间调查、规划、用途管制用地用海分类指南（试行）》；

（2）《第三次全国国土调查技术规程》（TD/T 1055—2019）；

（3）《草原资源和生态监测技术规程》（NY/T 1233—2006）；

（4）《草原退化监测技术导则》（NY/T 2768—2015）；

（5）《天然草地合理载畜量的计算》（NY/T 635—2015）；

（6）《天然草原等级评定技术规范》（NY 1579—2007）。

第二节　返青监测

一、调查方法

在具有代表性的草原设置样地，样地内一般选取 3 个典型样方，用 3 个样方返青盖度的平均值代表样地内牧草返青比例，以返青比例来判断草原返青的阶段和程度。

$$返青盖度 = \frac{进入返青期的植物盖度}{植物总盖度} \times 100\% \qquad (5\text{-}1)$$

返青初期：从牧草开始返青到牧草返青比例达到 40% 的这段时期为返青初期。

返青中期：草原牧草返青比例处于 40% ~ 60% 的这段时期为返青中期。

返青后期：草原牧草返青比例超过 60% 到全部返青的这段时期为返青后期。

二、调查时间与频率

根据当地草原牧草返青的一般性规律，选取合适的时段赴草原实地开展返青监测，结合当年气温气象状况适当提前或推迟返青监测时间。条件较好的地区，要尽量在返青之前、返青前期、返青中期、返青后期分别进行监测；草原比较偏远、交通不便的地区要每年至少开展一至两次实地返青监测。

三、调查内容

测定样方内返青植物盖度和总盖度，计算返青百分率。识别返青牧草的主要种类，观察返青和生长状态。拍摄返青照片，客观记录草原返青状态。每个样地拍摄 1 张景观照，反映样地全貌特征。每个样方拍摄 1 张俯视照，反映样地牧草特征。认真填写草原返青期调查表（表 5-1），如实记录观测事项，填写监测数据。拍照标注经纬度、方位角等信息。

表 5-1　草原返青期调查表

调查日期：＿＿＿＿年＿＿＿＿月＿＿＿＿日　　调查人：＿＿＿＿＿

调查日期（年月日）				省份		县（旗、市）、乡（镇、苏木）村（嘎查）	
样地编号				草原类型	地貌及利用方式	景观照片编号（注明日期）	
样方编号	返青率（%）	经度	纬度	海拔（米）	达到返青普遍期时间（年月日）	返青的主要牧草名称（2~3种）	俯视照片编号（注明日期）	返青期与常年／上年比较（提前／推迟天数）
备注：								

四、推算返青关键时间点

为便于地域间或年际间的分析比较，将样地返青率达到 50% 的日期作为返青关键时间点。每次实地监测结束后，要根据当时监测到的返青率、结合当时气象状况，按照当地草原植物返青的一般性规律，推算出返青率达到 50% 的日期，以此作为判断当年草原是否提前或推迟返青的基准。

五、草原返青遥感监测

对 NDVI 时间序列进行拟合重构，选用高斯函数或双 Logistics 方法等模拟植被生长季曲线，每一个组合代表一次植被生长季盛衰的过程，再通过平滑算法连接各个拟合曲线，以此实现植被指数时间序列的重建。

使用动态阈值法进行返青期提取。根据监测时段内的植被指数最大值与植被指数上升或下降阶段的最小值的差值，并乘以一个系数来计算。动态阈值法中阈值的大小，会随着像元 NDVI 的变化幅度变化而变化，可以较好地去除土壤和植被类型的影响。依据动态阈值法可以实现对全国草原返青快速遥感监测。

草原返青期遥感监测结果准确与否，需要通过地面真实性检验来判定。首先选取同期的地面返青观测数据，利用 ARCGIS 软件将地面返青数据与草原返青遥感监测结果进行时空关联和匹配，使用"点对点"的方式进行正确率判定，从而得到草原返青期地面验证精度。当精度满足监测要求时，就可以对遥感反演结果进行汇总分析，否则，需要进行动态阈值参数调整，循环此过程，直到精度达到监测要求。

第三节　盛期监测

一、前期准备

（一）组织准备

制定工作方案，明确目标任务、职责分工、工作要求、实施步骤、进度安排、质量管理、主要成果等，组建专业调查监测队伍，设立质量管理机构。

（二）技术准备

制定技术方案和技术规程，明确监测方法、技术标准、操作流程、成果要求和质量管理措施等，制定省级实施方案，开展技术培训。

（三）资料准备

1. 基础数据资料

基础地理信息数据、高分辨率遥感数据；全国国土调查成果及其年度变更数据；各级行政区域界线等资料。

2．资源调查监测资料

上一年度草原资源调查监测成果、最新的草原定期调查成果、相关专项调查监测成果以及上一年度的"落地上图"数据。

3．基础数表资料

草原产草量模型、草原植被盖度遥感反演模型、数据字典等。

（四）装备准备

1．调查设备

全球导航卫星系统（gobal navigation satellite system，GNSS）定位设备、无人机及机载传感器、照相机、数据采集器、全景摄像机等仪（机）器，罗盘仪、测高器、测绳、皮尺、钢直尺、围尺、样方框、刺针、便携式电子秤、砍刀、剪刀、割草刀、铁锤、标桩、样品袋、记号笔、标签等调查工具，以及数据采集、存储、处理与管理的软硬件。

2．外业装备

野外服装、防护用品、应急药品、求救设备等劳保用品以及专业工具包。

二、天然草原样地外业调查

（一）样地设置

1．样地定位

根据设定的样地位置，采用 GNSS 导航、引线定位等方法进行样地定位。当采用差分定位技术确保定位精度达 1 米以内时，可以直接进行样地定位。否则，应当采用引线定位方法，当到达样地中心点理论位置 30～50 米范围内时，在现地寻找明显地物作为引点，用定位仪采集引点坐标，再从引点位置按方位角和水平距通过实测方法确定样地中心点。

2．标志设置

以样地中心点为起点，使用智能罗盘仪测角、皮尺量距，分别以 0 度、120 度、240 度方位角三个方向测设 3 条 40 米长（水平距）的样线；当 0 度样线难以布设时（例如遇陡坡、沟壑、障碍物时），可以调整角度，但应保持样线夹角 120 度。样地中心点 3 条样线端点位置均应埋设固定标桩。标桩要求全部埋入地下，免遭人为破坏。

3．样地设置

以样地中心点为圆心、40 米为半径设置面积为 0.5 公顷的圆形样地。在 3 条样线端点处分别设置 3 个 2 米 ×2 米观测小样方，样方对角线与样线重合。在观测小样方周围 5 米范围内，选取 3 个最能代表观测小样方状况的 1 米 ×1 米测产小样方，但不得与样线和观测小样方重叠。以样地中心点正西方向 1 米作为东南角点，设置 1 个 10 米 ×10 米（当灌木冠幅较小且分布均匀时，可缩小至 5 米 ×5 米）的大样方，如图 5-1 所示。

落入细碎图斑中的样地，圆形样地半径可缩小至 20 米，样线长度相应调整为 20 米，观测小样方、测产小样方和灌木大样方的布设方法同上。

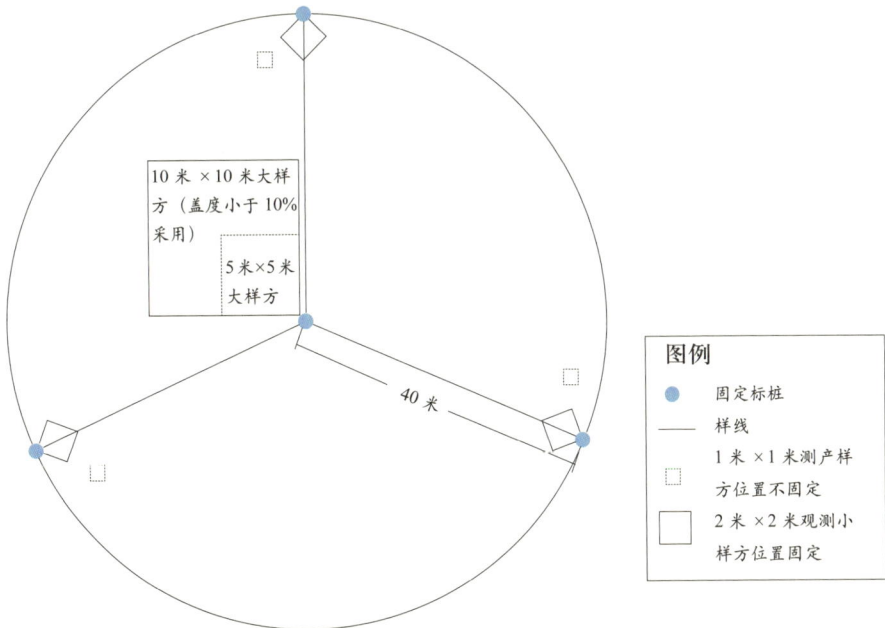

图 5-1　草原固定样地结构

（二）样地调查

样地用于调查记录样地的相关属性，包括地形因子、土壤因子、地表特征，以及草原类、草原型、植被结构等因子。样地因子中的单位面积产草量、优势度、裸斑面积比例等指标通过样线、样方的调查结果测算。

根据样地调查表格式和要求进行样地基本信息的调查填写，并对样地进行拍照。

1. 调查因子

样地号：对样地进行统一编码，编码格式为县代码 +3 位样地编号，如"530627001"，样地编号不允许出现重号。

样地规格：填写样地规格，填写 40 米或 20 米半径样圆。

样地区位：填写样地所在的省（自治区、直辖市）、市（州、地区、盟）、县（市、区、旗）、乡（镇、苏木）、村（嘎查）名称。

照片编号：填写统一编号，在样地号后续接序号"_1"，如530627001_1。

样地中心点经纬度坐标：填写样地中心点的经纬度坐标，统一为十进制度格式，保留 6 位小数。

样地中心点 CGCS2000 坐标：填写样线起点投影坐标，按照 3 度或 6 度分带加带号，填写整数。

海拔：用海拔仪或查地形图确定样地位置海拔值，单位为米，保留整数。

坡度：调查样地的平均坡度，保留整数。

地貌：按大地形确定样地所在地貌类型（极高山、高山、中山、低山、丘陵、平原），用代码填写。

坡向：确定样地所在位置的坡向类型（北、东北、东、东南、南、西南、西、西北、无坡向），用代码填写。

坡位：填写样地所处坡地的位置（脊、上、中、下、谷、平地），用代码填写。

土壤质地：确定样地土壤质地（黏土、壤土、砂壤土、壤砂土、砂土），用代码填写。

土层厚度：调查样地的土层厚度，单位为厘米，保留整数。

地类：填写调查认定的草地地类，按天然牧草地、人工牧草地、其他草地，用代码填写。

草原类：根据草原类型分类系统，确定样地草原类。

草原型：根据草原类型分类系统，确定样地草原型。

优势草种：根据样方测定结果填写优势草种。

草原起源：根据人为干预程度填写，按天然、人工，用代码填写。

植被结构：根据植被结构层组成确定样地植被结构类型，按草本型、灌草型、乔草型和乔灌草型，用代码填写。

利用方式：调查填写草原利用方式，按全年放牧、冷季放牧、暖季放牧、打（割）草场、自然保护、景观绿化、科研实验、水源涵养、固土固沙、其他，用代码填写。

利用强度：调查填写草原利用强度，包括轻度利用、中度利用、强度利用、极度利用。

估测牛羊已啃食量与剩余量比值：参照周边未被啃食的草种自然高度估测已啃食的程度，填写数值。

地表特征：调查填写砾石覆盖面积比例、覆沙厚度、盐碱斑块面积比例、地表侵蚀类型、地表侵蚀程度等。

2．计算因子

植被盖度：取 3 条样线测定的盖度平均值，3 条样线从第 2 次针刺记录开始到第 20 次或者 40 次植被覆盖记录为 1 的数量（中心桩是每条样线第一次，不参与计算）除以有效针刺记录数，按百分比记录整数。

裸斑面积比例：取 3 条样线测定的裸斑面积比例平均值，按百分比记录整数。

单位面积鲜草产量：3 个测产小样方的单位面积鲜草产量平均数与灌木大样方单位面积鲜草产量之和，单位为千克／公顷。

单位面积干草产量：3 个测产小样方的单位面积干草产量平均数与灌木大样方单位面积干草产量之和，单位为千克／公顷。

可食牧草比例：单位面积可食牧草鲜草产量与单位面积鲜草产

量的百分比，填写整数，其中单位面积可食牧草鲜草产量计算方法为 3 个测产小样方的单位面积可食牧草鲜草产量平均数与灌木大样方的单位面积可食牧草鲜草产量之和。

毒害草比例：单位面积毒害草鲜草产量与单位面积鲜草产量之百分比，填写整数，其中单位面积毒害草鲜草产量计算方法为 3 个测产小样方的单位面积毒害草产量平均数与灌木大样方的单位面积毒害草产量之和。

可食牧草优势度：根据样方测定结果计算，对 3 个测产样方计算的优势度进行平均，每个样方优势度计算方法如下：

可食牧草优势度 =（可食鲜草产量 / 鲜草总产量 + 可食牧草盖度 / 总盖度）/2。

毒害草优势度：根据样方测定结果计算，对 3 个测产样方计算的优势度进行平均，每个样方优势度计算方法如下：

毒害草优势度 =（毒害草鲜草产量 / 鲜草总产量 + 毒害草盖度 / 总盖度）/2；

草群平均高度 =3 个观测样方草群平均高度的平均值，单位为厘米；

植物种数 =3 个测产样方植物种数的平均值，单位为种 / 平方米。

样地照片拍摄包括：样地中心桩、远景照、近景照、土壤表层照等。远景照片应反映样地及周边地区的整体状况，一般按照 1/3 天空、2/3 地面的原则横向拍摄，近景照片应反映样地局部植被生长状况。

3. 样线调查

样线调查的主要因子是植被盖度和裸斑面积比例。采用针刺法沿样线按 1 米间隔垂直向下进行刺探，调查记录植物覆盖或裸地被刺中的次数，并计算植被盖度和裸斑面积比例。具体填写要求如下。

（1）调查因子。

样地编号：填写样线所在样地的编号。

样线编号：L+ 样地号 + 两位样线编号，如"L53062700101"，不允许出现重号或空号。

样线方位角：每个样地对应 1、2、3 号样线，分别填写 0 度、

120 度、240 度方位角，当 0 度样线调整时，应填写实际测量方位角。

样线终点经纬度坐标：填写样线终点经纬度，以十进制度填写，精确到 6 位小数。

样线终点 CGCS2000 坐标：填写样线终点投影坐标，按照 3 度或 6 度分带加带号，填写整数。

样线长度：根据实际情况，按 40 米或 20 米 填写。

是否改平：根据实际情况，按改平或不改平填写。

植被覆盖记录：沿样线方向每隔 1 米位置用探针垂直向下刺，探针落在植物覆盖范围时记数 1，否则记为 0。

连续裸斑记录：沿样线方向每隔 1 米位置用探针垂直向下刺，如连续刺中裸露地面 2 次及以上，且探点之间裸露地表连续时，记录 1，否则为 0，如图 5-2 所示。

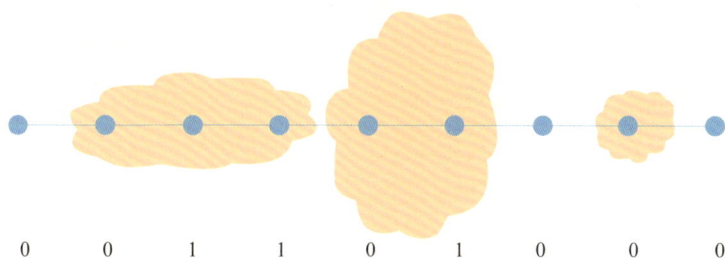

0　　0　　1　　1　　0　　1　　0　　0　　0

图 5-2　样线记录裸斑面积比例示意

（2）计算因子。

样线植被盖度：刺中植物覆盖范围的次数之和与探针下刺总次数的百分比，每条样线从第 2 次针刺开始计算；

样线裸斑面积比例：每块裸斑记录为 1 的次数之和加 1 即为单个裸斑面积比例，再将所有裸斑面积比例相加，得到该样线裸斑面积比例，每条样线从第 2 次针刺开始计算。

4. 样方调查

（1）小样方调查。样地内只有中小草本（平均高＜ 80 厘米）及小半灌木（平均高＜ 50 厘米、不形成大株丛），没有灌木和高大草本植物时，进行小样方调查。小样方包括观测小样方和测产小样方，样地中 3 个观测小样方和 3 个测产小样方相互对应，形成 3 组样方。

在调查填表时每组样方共用 1 张表，表中针对有区别的调查项通过"观测样方"和"测产样方"字样进行区分。

观测小样方用于观测记录分优势可食、优势功能性乡土、其他可食、其他功能性乡土等类型的草种、盖度、高度等指标。测产小样方除调查优势可食、优势功能性乡土、其他可食、其他功能性乡土等类型的草种、盖度、高度等指标外，还需调查产草量指标。

①观测小样方。对于样地内的草本、半灌木及矮小 * 灌木植物（为便于草原调查监测特指高度 50 厘米以下的灌木），按照调查实际情况填写。

样地号：为县代码 +3 位编号，如"530627001"，不允许出现重号。

样方号：为所在样地编码 +2 位编号，如"53062700101"，不允许出现重号。

照片编号：由外业采集软件自动生成。

样方面积：填写样方的实际面积，即 2 米 ×2 米。

地理坐标：采集样方地理坐标，格式为十进制度格式，保留 6 位小数。

植物种数：调查样方内植物的种数。

植物名称：将样方内主要的草种分可食植物、功能性乡土植物分种记录。

植被总盖度：为全部植物的投影面积占样方面积的比例，总盖度不是各种植被盖度的累加，需考虑植物相互之间的重叠，不能超过 100%。采用目测法或网格针刺法进行调查，单位为百分比，填写整数，精确到 1%。

分盖度：将样方内主要的草种分可食牧草、毒害草记录盖度，分盖度之和可以大于 100%，单位为百分比，填写整数。

草群平均高度：调查草群叶层综合平均高度，单位厘米，填写整数。

---

* 矮小灌木：为便于草原调查监测，特指高度在 50 厘米以下的灌木。

草种高度：将样方内主要的草种分可食牧草、毒害草，记录叶层高度，单位为厘米，填写整数。

3 个观测小样方照片应拍摄样方近景和主要植物照片，近景照片要求样方 4 条边线全部纳入拍摄范围。

②测产小样方。面向样地中心点，分别在 3 条样线右侧 5 米处选取 3 个最能代表观测小样方状况的 1 米 ×1 米测产小样方。测产小样方不得与样线和观测样方重叠，不得与往年测产小样方重叠。除了调查记载样地号、样方号、样方面积（1 平方米）、总盖度与优势可食、优势功能性乡土、其他可食、其他功能性乡土植物分盖度，草群平均高度与优势可食、优势功能性乡土、其他可食、其他功能性乡土植物高度等指标外，还需要调查产草量，通常以植被生长盛期（花期或抽穗期）的产量为准，单位为克，保留 1 位小数。

鲜重调查。剪割：对样方内草本植物齐地面剪割，矮小灌木及半灌木只剪割当年生枝条。称重：分优势可食、优势功能性乡土、其他可食、其他功能性乡土 4 种类型分别进行称重。

干重调查。干重指植物经过烘干后，其重量基本稳定时的重量。可将鲜草样品按可食用和不可食分别装袋，并标明样品的所属样方号、种类组成、样品鲜重。带回驻地待烘干后再测其干重。根据烘干重和样品鲜重得到干鲜比，再推算样方产草量的总干重。

产草量折算：对样方调查结果进行单位面积产草量折算，将克 / 平方米单位折算为千克 / 公顷，保留 1 位小数。

枯落物总量：称量枯落物重量，以克为单位，保留整数。3 个测产小样方照片应拍摄样方刈割前、刈割后俯视照和主要植物照片，俯视照要求样方 4 条边线全部纳入拍摄范围。

（2）大样方调查。样地内具有高大草本（平均高≥ 80 厘米）或灌木（平均高≥ 50 厘米）时进行高大草本、灌木和半灌木调查。在大样方内只测定灌木及高大草本，调查记载内容如下。

样地号、样方号、照片编号与小样方填写方法一致。

样方面积：填写样方的实际面积，一般情况下为 100 平方米（10 米 ×10 米）；当灌木冠幅较小且分布均匀时，可缩小至 25 平方米（5 米 ×5 米）。

灌木和高大草本测定：采用测量样方内各种灌丛植物标准株（丛）产量和面积的方法进行。灌丛调查记载内容：一是记录灌丛植物名称：记载灌木和高大草本植物的名称。二是株丛数量测量：记载样方内灌木和高大草本株丛的数量。具体测定方法：①先将样方内灌木或高大草本按照冠幅直径的大小划分为大、中、小三类（当样方内灌丛大小较为均一，冠幅直径相差不足 10%～20% 时，可以不分类，也可以只分为大、小两类），并分别记数。②按灌木或高大草本种类选择 1 个标准株丛，记录其长、宽、高度和鲜草产量。以此株为标准株，对样方内同一种的其他株丛进行折算，相同株丛为 1 株，小的折为 0.5 株，大的折为 2、3 株等进行折算。

丛径测量：分别选取有代表性的大、中、小标准株各 1 丛，测量其丛径（冠幅直径），单位为厘米，保留整数。

高度测量：分别选取有代表性的大、中、小标准株各 1 丛，测量其自然高度，单位为厘米，保留整数。

灌木及高大草本覆盖面积：某种灌木覆盖面积＝该灌木大株丛面积（1 株）× 大株丛数＋中株丛面积（1 株）× 中株丛数＋小株丛面积（1 株）× 小株丛数。灌木覆盖总面积等于各种灌木覆盖面积之和。

灌木及高大草本产草量调查：①鲜重调查：在样方外分别选取各种灌木及高大草本的大、中、小标准株丛，再剪取当年生枝条并称重（实际操作时，可视株型的大小只剪 1 株的 1/3 或 1/2 称重，然后折算为 1 株的鲜重），得到该种灌木或高大草本大、中、小株丛的标准鲜重，然后将大、中、小株丛标准重量分别乘以样方内各自的株丛数，再相加即为该灌木及高大草本的产草量（鲜重）。将样方内的所有灌木和高大草本的产草量鲜重汇总得到总灌木或高大草本产草量。②干重调查：分为灌木和高大草本种类，选取鲜重样品分别装袋，并标明样品的所属样方号、种类、鲜重。带回驻地待烘干后再测其干重。根据干重和样品鲜重得到干鲜比，再推算样方产草量的总干重。

大样方照片应拍摄样方近景照和主要高大草灌植物照片。

三、样地数据质量检查

（一）样地调查数据合格要求

开展样地调查数据汇总，对数据质量进行检查，数据合格要求如下。

（1）样地中心点偏离 15 米以内（如偏离超过标准要说明原因）。

（2）样地中心点、样线终点设置固定标志。

（3）开展样地、样方、样线调查。

（4）样地中心点坐标、样线终点坐标、草地类、植被结构、优势草种不能有错漏。

（5）样线测定植被盖度、裸斑面积比例，样方测定植被盖度、草群平均高度，测产样方测定鲜草产量、干重与鲜重比例，误差在 ±10% 之内。

（6）毒害草、可食牧草识别不得错误。

（7）枯落物总量、砾石覆盖面积比例、盐碱斑比例，误差在 ±10% 之内。

（8）植物种数，误差在 ±20% 之内。

（9）利用方式、利用强度、海拔、坡度、坡向、土壤质地不得有错漏。

（10）样地、样方照片，不得有缺漏。

（11）其他因子包括省（自治区、直辖市）、市（州、地区、盟）、县（市、区、旗）、乡（镇、苏木）、行政村（嘎查）、调查人、调查日期等，不得有错漏 。

（12）数据逻辑关系正确，包括样地、样线、样方因子数据和植物调查表记录数据，逻辑检查内容涉及代码的合法性、取值的合理性，以及相互之间的逻辑性。

（二）样地指标完善与在线计算

对样地数据进行审核，检查记录数据是否完整、正确。在确保数据记录项无误的情况下，利用草原监测评价管理平台中的在线计算功能，进行 35 项指标的计算，包括 13 个样地指标、4 个样线指标、6 个测产样方指标、9 个高大草灌样方指标和 3 个高大草灌样方植物表指标，系统支持单个样地计算和批量计算两种模式。

（三）样地数据内业质量检查

草原样地数据内业质量检查包括软件质检与人工检查。

软件质检是利用草原监测评价管理平台中的在线质检功能，进行 211 个质检项的检查，包括 62 个样地质检项、91 个样线质检项、7 个观测样方质检项、8 个观测样方植物调查表质检项、14 个测产样方质检项、10 个测产样方植物调查表质检项、7 个高大草灌样方质检项和 12 个高大草灌样方植物调查表质检项。系统支持批量质检与单个样地检查两种模式。

模式一：批量质检。草原监测评价系统后台从 0 点开始，每 4 个小时更新一次质检结果，可通过【质检结果查看】功能，查看质检结果问题提示。

模式二：单个质检。点击属性表单中的【质检】，可以对单个样地进行质检。将样地数据下载导出后，进行数据的人工检查。主要包括坐标记录错误，干鲜比异常，产草量与盖度、高度的关系异常，裸斑面积比例与植被盖度关系异常，利用方式与盖度、产草量等指标不符合常理，以及其他认为可能存在的问题。

四、全国及各省份指标测算

（一）技术路线

草原年度监测指标测算技术流程如图 5-3 所示。

按照产草量和植被盖度两项指标精度确定各省份样地数量，采用空间／属性双均衡的抽样方法将样地布设在抽样网格中。通过开展样地外业调查和内业统计，获取样地中各个因子的属性值。按照有关指标的计算方法，汇总统计得到草原样地指标结果。

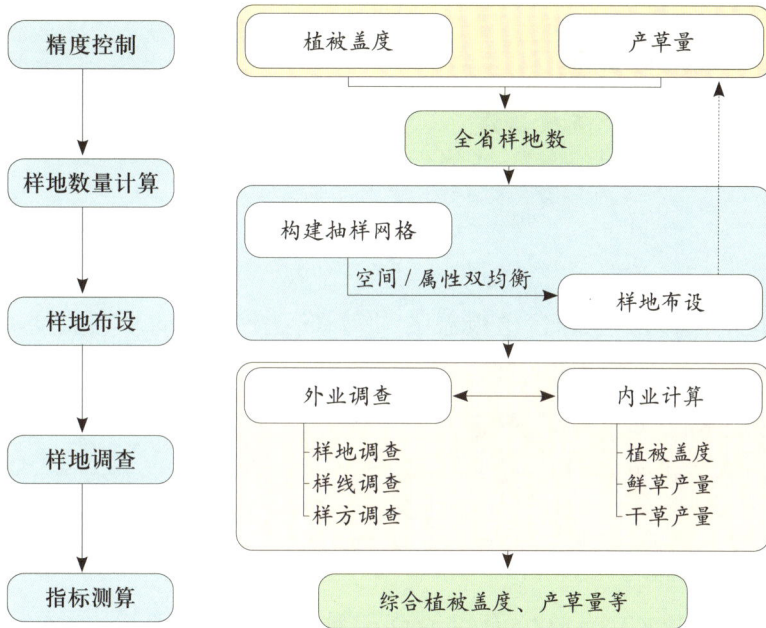

图 5-3　草原样地抽取与指标计算技术路线

（二）数据准备

在确保所有样地按照要求完成数据审核与处理的情况下，在草原监测评价管理系统导出已调查样地数据，包括样地 shp 数据和 Excel 数据，剔除不合格样地数据。

准备草原抽样网格，检查抽样网格的属性因子是否完整、准确，重点关注抽样网格的面积权重及其他权重、样地设计数、网格 ID 等属性因子，上述因子要在后续的计算过程中参与运算。

在 ArcGIS 中使用空间连接工具，把抽样网格与样地矢量图层连接，将网格 ID、样地设计数、面积权重等属性因子连接至样地属性表中，并检查属性因子是否连接成功。利用汇总统计数据工具，对上一步空间连接后的图层进行汇总统计，以网格 ID 为分组因子，计算每个网格中的样地数量是否与初始样地设计数一致，判断是否存在样地跨网格的问题。

透视统计抽样网格中每个网格的植被盖度、单位面积鲜草产量、单位面积干草产量、可食牧草比例、毒害草比例、裸斑面积比例、植物种数、草群平均高度等指标的平均值。

（三）指标计算

1. 草原综合植被盖度

计算公式如下：

$$G = \sum_{i=1}^{n} G_i \times I_i \tag{5-2}$$

式中：G 为草原综合植被盖度（%）；G_i 为网格 i 的平均盖度（%）；I_i 为网格 i 的面积权重（%）。

2. 单位面积鲜草产量

计算公式如下：

$$XCCL = \sum_{i=1}^{n} XCCL_i \times I_i \tag{5-3}$$

式中：$XCCL$ 为单位面积鲜草产量（千克/公顷）；$XCCL_i$ 为网格 i 的单位面积鲜草产量平均值（千克/公顷）。

3. 单位面积干草产量

计算公式如下：

$$GCCL = \sum_{i=1}^{n} GCCL_i \times I_i \tag{5-4}$$

式中：$GCCL$ 为单位面积干草产量（千克/公顷）；$GCCL_i$ 为网格 i 的单位面积干草产量平均值（千克/公顷）。

4. 鲜草总产量

利用单位面积鲜草产量和本省份草地面积做相乘运算，计算该省份草地鲜草总产量。单位为吨。

5. 干草总产量

利用单位面积干草产量和本省份草地面积做相乘运算，计算该省份草地干草总产量。单位为吨。

6. 可食牧草比例

计算公式如下：

$$KSMC\_BL = \sum_{i=1}^{n} KSMC\_BL_i \times I_i \tag{5-5}$$

式中：$KSMC\_BL$ 为可食牧草比例（%）；$KSMC\_BL_i$ 为网格 i 的

可食牧草比例平均值（%）。

7. 毒害草比例

计算公式如下：

$$DHC\_BL = \sum_{i=1}^{n} DHC\_BL_i \times I_i \qquad (5\text{-}6)$$

式中：DHC_BL 为毒害草比例（%）；DHC_BL_i 为网格 i 的毒害草比例平均值（%）。

8. 裸斑面积比例

计算公式如下：

$$LB\_BL = \sum_{i=1}^{n} LB\_BL_i \times I_i \qquad (5\text{-}7)$$

式中：LB_BL 为裸斑面积比例（%）；LB_BL_i 为网格 i 的裸斑面积比例平均值（%）。

9. 植物种数

计算公式如下：

$$ZWZS = \sum_{i=1}^{n} ZWZS_i \times I_i \qquad (5\text{-}8)$$

式中：$ZWZS$ 为植物种数（种 / 平方米）；$ZWZS_i$ 为网格 i 的植物种数平均值（种 / 平方米）。

10. 草群平均高度

计算公式如下：

$$CQPJ\_GD = \sum_{i=1}^{n} CQPJ\_GD_i \times I_i \qquad (5\text{-}9)$$

式中：$CQPJ\_GD$ 为草群平均高度（厘米）；$CQPJ\_GD_i$ 为网格 i 的草群高度平均值（厘米）。

（四）指标测算结果分析

通过上述步骤和计算得到的各个指标值，须与历年指标测算结果进行比较分析，若指标出现异常波动，则应深入分析产生异常变化的原因。

五、遥感建模与指标反演

（一）遥感定量监测对象与目标

草原监测的对象为第三次全国国土调查及上一年度变更数据中的草地。对于近40亿亩草地进行定量监测，遥感是必备的技术手段（苏大学等，2005；田海静等，2020；王正兴等，2005）。草原年度监测中遥感定量监测主要对象为草原综合植被盖度和草原草产量。

区域草原综合植被盖度按以下公式计算：

$$G=\sum_{i=1}^{n} G_i \times I_i \qquad (5\text{-}10)$$

$$I_i=M_i/(M_1+M_2+\cdots+M_i) \qquad (5\text{-}11)$$

式中：G 为区域草原综合植被盖度；G_i 为第 i 个小班的植被盖度；I_i 为第 i 个小班的面积权重；M_i 为第 i 个小班的面积；n 为草原小班个数。

各省份草原综合植被盖度以各县草原面积为权重加权计算，全国草原综合植被盖度以各省份草原面积为权重加权计算。

区域草原鲜草产量计算公式如下：

$$C=\sum_{i=1}^{n} C_i \times I_i \qquad (5\text{-}12)$$

式中：C 为区域内草原鲜草产量；C_i 为第 i 个小班的单位面积鲜草产量；I_i 为第 i 个小班的面积；i 为小班序号。

遥感定量监测的目标，是利用草原监测评价样地获取植被盖度、单位面积鲜草（干草）产量数据，通过卫星遥感影像建立遥感模型参数（如植被指数）与植被盖度、草产量测算模型，推算反演植被盖度、草产量，并进行植被盖度、草产量赋值。草的干重可通过草的干鲜比进行测算赋值，可食牧草鲜草产量和可食牧草干草产量可通过可食牧草比例进行测算赋值，草原综合植被盖度、草原草产量和可食牧草产量等指标根据赋值后的草地图班统计汇总产出。

（二）遥感数据收集与处理

1. 数据来源

遥感数据主要选用中高分辨率影像，如 Landsat 系列卫星影像、Sentinel 系列卫星影像、高分系列卫星影像、资源系列卫星影像等，可充分利用全国森林资源"一张图"、第三次全国国土调查底图等适合本地的其他最新遥感数据，各种卫星遥感数据可以互相补充。影像获取时间应为当年。

2. 时相、波段

宜选择当年草地植物生长盛期获取的影像，其中，北方地区时相在当年 6~8 月，南方地区在当年 6~9 月。

影像波段数应 ≥ 6 个，且包括近红外、短波红外波段。

3. 影像质量

(1)影像相邻景之间应有 4% 以上的重叠，特殊情况下不少于 2%。

(2) 影像不可出现明显噪声和缺行。

(3) 单景云盖度低于 5%，影像色调清晰。

(4) 侧视角在平原地区不超过 25 度，山区不超过 20 度。

(5) 影像时间与外业调查时间间隔在 30 天之内。

4. 影像精度

遥感影像数据空间分辨率不低于 20 米。

5. 数据处理

遥感定量监测所需影像需进行辐射定标、大气校正、正射校正、几何校正、标准分幅等处理（梅安新，2001；李苗苗，2003；陈奇，2018）。

（1）辐射定标。原始遥感影像是用无量纲的数字量化值（DN）记录信息的，进行遥感定量性分析，常用到辐射亮度值、反射率值等物理量，通过辐射定标可以实现 DN 值与这些物理量的转化。辐射定标参数一般存放在元数据文件中，使用通用辐射定标工具（radiometric calibration）能自动从元数据文件中读取参数，从而完成辐射定标。

（2）大气校正。为了消除大气和光照等因素对地物反射的影响，获得地物反射率、辐射率等真实物理模型参数，消除大气中水蒸气、氧气、二氧化碳、甲烷和臭氧等对地物反射的影响，消除大气分子和气溶胶散射的影响，需要对影像进行大气校正。在对影像进行辐射定标后，选择 FLAASH 模型或 QUAC 模型进行大气校正。

（3）正射校正。正射校正是通过在像片上选取一些地面控制点，并利用原来已经获取的该像片范围内的数字高程模型（DEM）数据，对影像同时进行倾斜改正和投影差改正，将影像重采样成正射影像。一些影像数据自带RPC信息，可以基于RPC模型进行自定义正射校正。

（4）几何校正。影像几何校正包括以下方法：一是以一幅经过几何校正的影像作为基准影像，在需要校正的影像和基准影像上选择同名控制点，使校正后的相同地物出现在和基准影像相同的位置。二是通过地面控制点对遥感影像进行几何校正。地面控制点来源于地面测量、矢量文件或栅格文件中。三是根据像元灰度或特征自动寻找两幅影像的同名点，完成两幅影像的配准。四是可采用影像自带的地理定位文件进行几何校正。

（三）遥感建模方法与步骤

草原样地调查精度中要求：样地定位精度优于 1 米，草原植被盖度测量误差小于 5 个百分点，植被高度测量误差精确到 1 厘米，产草量测量误差精确到 5 克 / 平方米。全国范围内草原综合植被盖度和草原草产量将依据地面调查数据和遥感影像数据进行建模，以对不同区域与地理单元内的草原综合植被盖度与草原产草量进行反演计算。

草原综合植被盖度和草原产草量监测主要是利用植被生长最茂盛时期获取的遥感数据经过运算处理后得到的遥感模型参数与草原植被盖度和产草量的相关关系，结合地面样地调查数据，建立遥感—地面相结合的草原综合植被盖度、草原产草量测算模型。遥感定量监测获取草原综合植被盖度和草原产草量是全国或区域尺度常用的监测方法，主要是通过分区分类建立遥感模型的方法进行测算。主要步骤如下。

（1）草原综合植被盖度和草原产草量测算分区分类。在生态地理单元的分异性、功能主导性、行政单元的完整性和草原类别的差异性等原则的指导下，采用草地类型区划体系的分区结果，开展草原综合植被盖度和草原产草量分区测算。

（2）草原植被生长盛期的植被参数计算和处理。利用预处理后的草原生长盛期的遥感数据，计算常用的植被指数，如归一化植被指数 NDVI、增强植被指数 EVI、土壤条件植被指数 SAVI 等和其他可反映植被生长状况的遥感模型参数（王正兴等，2005）。

（3）地面调查数据和遥感植被模型参数数据时空匹配。采用GIS 空间分析方法，建立地面样地实测的植被盖度、产草量与遥感植被模型参数的时空属性一致、空间位置匹配的数据库，为草原综合植被盖度与产草量建模提供数据基础。

（4）最优模型构建和精度检验。从时空匹配数据库中随机抽取一定比例的数据，利用统计软件分析不同分区下植被模型参数与草原植被盖度、产草量的关系，对每个测算单元分别构建数学模型，同样，也可利用机器学习、深度学习等方法进行模型构建，并根据预留的地面样地数据进行精度检验，通过检验后基于最小误差原则筛选出各个分区最优植被盖度、产草量遥感数学模型。遥感反演植被盖度高值低估和低值高估问题校正方法可参照田海静等（2022）研究成果。

（5）草原综合植被盖度与产草量测算。利用模型库中的数学模型分别测算植被盖度与产草量，与检验的地面样方数据进行比较，评价各个测算单元的反演精度。根据反演精度和监测要求，对各测算单元的数学模型进行优化和调整，形成全国草原植被盖度和产草量模型库，并利用遥感数据，进行草原综合植被盖度与产草量结果的遥感反演。

（6）针对草原产草量结果校正的地面调查。为准确测算草原产草量，根据各分区的实际情况，在综合考虑动物采食对产草量影响的前提下，开展针对放牧和围封禁牧等不同利用类型的地面调查，并根据调查得到的动物已采食产草量，对产草量结果校正。

（7）牧草刈割等利用后具备再次生长的能力，根据不同热量带和不同草地类型的牧草再生率，测算包括南方草地在内的再生牧草产量，再次对产草量结果进行校正。

（8）分省（自治区、直辖市）草原综合植被盖度与草原产草量统计。利用草原综合植被盖度与产草量测算结果，结合草地类型图和行政区划数据，采用 ArcGIS 的空间统计功能，测算全国及各省（自治区、直辖市）、各草地类型的草原综合植被盖度与产草量，对综合植被盖度与产草量统计结果进行汇总分析。此外，计算当年草原综合植被盖度、产草量与上年或多年平均综合植被盖度、产草量的差异，评价当年与上年或多年平均相比草原综合植被盖度、产草量在空间上的增减情况。

（四）模型精度检验与质量控制

采用十折交叉验证的方法对遥感定量监测数学模型的精度进行验证。将样地数据随机等分成 10 份，轮流将其中 9 份做建模训练，1 份做验证，取 10 次结果的均值作为对算法精度的估计。

利用相关指数 R^2、估计值标准差 SEE、平均预估计误差 MPE、平均百分标准误差 $MPSE$ 4 个指标来体现模型精度（葛静，2022；韩宗涛，2017）。

$$R^2 = 1 - \frac{\sum_{i=1}^{n}(y_i - \hat{y}_i)^2}{\sum_{i=1}^{n}(y_i - \bar{y})^2} \tag{5-13}$$

$$SEE = \sqrt{\frac{1}{n\text{-}p}\sum_{i=1}^{n}(y_i - \hat{y}_i)^2} \tag{5-14}$$

$$MPE = t_\alpha \times \frac{SEE}{\bar{y}\sqrt{n}} \times 100 \tag{5-15}$$

$$MPSE = \sum_{i=1}^{m}\left|\frac{y_i - \hat{y}_i}{y_i}\right| \times \frac{100}{n} \tag{5-16}$$

式中：y_i 为实际调查值；$\hat{y_i}$ 为模型估计值；$\bar{y}$ 为样本平均值；n 为样本数量；p 为模型参数个数。

对遥感建模精度要求：模型 R^2 在 0.6 以上，平均预估计误差 MPE 小于 5%，平均百分标准误差 $MPSE$ 小于 15%。

对于各省份草原综合植被盖度与产草量的模拟精度要求如下：草原综合植被盖度精度：六大牧区省份95%以上，其他省份90%以上；草原产草量精度：六大牧区省份（西藏、内蒙古、新疆、青海、甘肃、四川）95%以上；黑龙江、辽宁、吉林、河北、山西、陕西、宁夏、云南90%以上；其他省份85%以上。

六、图斑属性赋值与点面耦合

（一）技术路线

草原图斑数据汇总按照数据准备、图斑赋值、数据检查和数据汇总入库四个步骤进行，技术路线如图5-4所示。

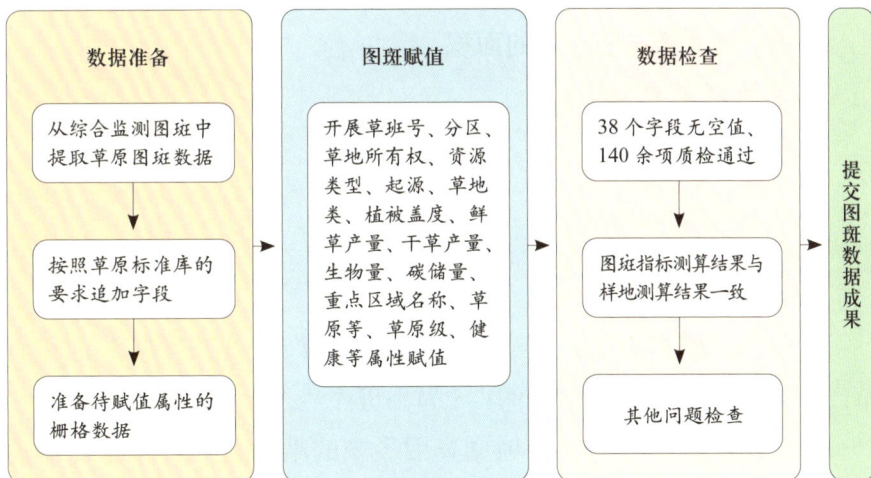

图5-4　草原图斑数据汇总技术路线

（二）图斑属性赋值

将草地图斑和遥感反演后得到的植被盖度、产草量图层进行空间叠加，利用地理信息软件中区域统计功能，对草地图斑进行植被盖度和单位面积产草量的赋值。对于面积较小，区域统计无法获取结果的小班，采用临近空间赋值的方法填写属性值。

（三）图斑指标测算

根据草地图斑赋值结果，分别计算重点区域和各市、县草原综合植被盖度和鲜草产量。

1. 草原综合植被盖度

计算公式如下：

$$G = \sum_{i=1}^{n} G_i \times I_i \qquad (5\text{-}17)$$

式中：G 为区域草原综合植被盖度；G_i 为第 i 个小班的植被盖度；I_i 为第 i 个小班的面积权重；i 为小班序号。

$$I_i = M_i/(M_1 + M_2 + \cdots + M_i) \qquad (5\text{-}18)$$

式中：M_i 为第 i 个小班的面积。

2. 草原鲜草产量

计算公式如下：

$$C = \sum_{i=1}^{n} C_i \times I_i \qquad (5\text{-}19)$$

式中：C 为区域内草原鲜草产量；C_i 为第 i 个小班的单位面积鲜草产量；I_i 为第 i 个小班的面积；i 为小班序号。

对于草原鲜草产量，样地调查因子中的啃食量与剩余量比值需要在计算图斑鲜草产量时考虑。草地图斑和该比值计算时，该比值可分草地类、分区域计算，也可考虑空间插值计算。

图斑干草产量是通过计算样地干鲜比后再进行计算得到的，计算干鲜比可考虑分草地类、分区域计算，也可考虑空间插值计算，或通过其他方式计算。

（四）点面耦合

各省（自治区、直辖市）草原监测样地的数量经过了科学计算，样地空间布设经过了抽样理论的论证。因此，基于各省（自治区、直辖市）草原监测样地得到的各类监测数据（如草原综合植被盖度、草原产草量）是准确的。草地图斑上的植被盖度、单位面积鲜草产量等数据是以地面监测数据为基础，利用遥感数据及构建的数学模型反演得到的。基于图斑统计的草原综合植被盖度、产草量可能与基于样地测算的结果存在一定偏差，按照"以点推面，点面衔接，点面出数一致"的要求，需以样地测算结果为准，对草地图斑上的相关数据进行处理。处理方法包括对遥感模型进行重新修改，按照技术规程规定对图斑赋值结果进行平差处理等，使得样地调查数据和图斑监测数据耦合，点面出数一致。

基于上述图斑统计的草原综合植被盖度、产草量可能与基于样地测算结果存在一定偏差，当两者偏差超过 2% 时，需检查遥感模型，重新进行建模。当两者偏差不超过 2% 时，以样地计算结果为准，按照技术规程规定对图斑赋值结果进行平差处理，保证点面出数一致。

七、草原资源分析评价

草原资源评价包括草原面积及构成、草原综合植被盖度、草原储量、草原生态状况、草畜平衡、草原等、草原级等。草地图斑草原综合植被盖度、产草量经过赋值与平差处理后，可直接采用选取区域图斑出数。统计对象主要包括草原综合植被盖度、产草量数据，统计汇总范围涉及各省份、全国及一些重点关注的区域。

1. 草原面积

天然草原、人工草地和其他草地之和。

2. 草原构成

天然草原、人工草地和其他草地面积占草原总面积的百分比及其动态变化。

3. 草原覆盖率

草原面积占国土总面积的比率，用百分比表示。

4. 草原综合植被盖度

草原类型的植被盖度与其所占面积比重的加权平均值。

5. 草原储量

包括鲜草产量、干草产量、可食牧草比例、总生物量、总碳储量。

6. 草原结构

包括草原面积和储量的权属结构、草原类型结构、草原起源、植被结构等，以百分比表示。

7. 草原质量

用草原植被盖度、草畜平衡指数、草群平均高度、裸斑面积比例、草原等、草原级表示。

8. 草原生态状况

用草原健康等级、草原退化和恢复程度表示。

第四节　枯黄监测

一、调查方法

在具有代表性的草原景观设置样地，样地内一般需要设置 3 个样方，用 3 个样方枯黄盖度的平均值代表景观内牧草枯黄比例，以枯黄比例来判断景观内草原枯黄的阶段和程度。

$$枯黄盖度 = \frac{进入枯黄期的植物盖度}{植物总盖度} \times 100\% \qquad (5\text{-}20)$$

枯黄初期：从牧草开始枯黄到牧草枯黄比例达到 40% 的这段时期为枯黄初期。

枯黄中期：草原牧草枯黄比例处于 40% ~ 60% 的这段时期为枯黄中期。

枯黄后期：草原牧草枯黄比例超过 60% 到全部枯黄的这段时期为枯黄后期。

二、调查监测时间与频率

根据当地草原牧草枯黄的一般性规律，选取合适的时段赴草原实地开展枯黄监测，结合当年气温气象状况适当提前或推迟枯黄监测时间。条件较好的地区，要尽量在枯黄之前、枯黄前期、枯黄中期、枯黄后期分别进行监测；草原比较偏远、交通不便的地区要每年至少开展一至两次实地枯黄监测。

三、调查内容

识别枯黄牧草的主要种类，观察枯黄和生长状态。拍摄枯黄照片，客观记录草原枯黄状态。每个样地拍摄 1 张景观照，反映样地全貌特征。每个样方拍摄 1 张俯视照，反映样地牧草特征。认真填写草原枯黄期调查表（表 5-2），如实记录观测事项，填写监测数据。

表 5-2　草原枯黄期调查表

调查日期：_____年_____月_____日　　调查人：_____

调查日期 （年月日）				省份		县（旗、市）、乡（镇、苏木）、村（嘎查）		
样地编号				草原类型		地貌及利用方式	景观照片编号（注明日期）	
样方编号	枯黄率（%）	经度	纬度	海拔（米）	达到枯黄普遍期时间（年月日）	枯黄的主要牧草名称（2~3种）	俯视照片编号（注明日期）	枯黄期与常年／上年比较（提前／推迟天数）
备注：								

四、推算枯黄关键时间点

为便于地域间或年际间的分析比较，将样地枯黄率达到 50% 的日期作为枯黄关键时间点。每次实地监测结束后，要根据当时监测到的枯黄率，结合当时气象状况，按照当地草原植物枯黄的一般性规律，推算出枯黄率达到 50% 的日期，以此作为判断当年草原是否提前或推迟枯黄的基准。

五、草原枯黄遥感监测

对 NDVI 时间序列进行拟合重构，选用高斯函数或双 Logistics 方法等模拟植被生长季曲线，每一个组合代表一次植被生长季盛衰的过程，再通过平滑算法连接各个拟合曲线，以此实现植被指数时间序列的重建。

使用动态阈值法进行枯黄期提取。根据监测时段内的植被指数最大值与植被指数上升或下降阶段的最小值的差值，并乘以一个系数来计算。动态阈值法中阈值的大小，会随着像元 NDVI 的变化幅度变化而变化，可以较好地去除土壤和植被类型的影响。依据动态阈值法可以实现对全国草原枯黄快速遥感监测。

草原枯黄期遥感监测结果准确与否，需要通过地面真实性检验来判定。首先选取同期的地面枯黄观测数据，利用 ARCGIS 软件将地面枯黄数据与草原枯黄遥感监测结果进行时空关联和匹配，使用"点对点"的方式进行正确率判定，从而得到草原枯黄期地面验证精度。当精度满足监测要求时，就可以对遥感反演结果进行汇总分析，否则，需要进行动态阈值参数调整，循环此过程，直到精度达到监测要求。

第五节　草畜平衡监测

草畜平衡是指为保持草原生态系统良性循环，草原使用者通过草原和其他途径获取的可利用的草料总量与其饲养的牲畜的草料需要量保持动态平衡。草畜平衡可理解为放牧时处于合理载畜量，即在适度放牧（或刈割）利用并维持草地可持续生产的条件下，满足承养家畜正常生长、繁殖、生产畜产品的需要，所能承养的家畜头数和时间。

草畜平衡监测主要是通过草畜平衡指数评价区域草原的利用程

度，主要监测草原地上现存产草量、放牧牲畜采食量、合理载畜量和实际载畜量等指标（国家林业和草原局草原管理司，2021）。主要是在一定区域与时间内，利用现有的技术监测天然放牧牲畜的饲草量，按照规定的载畜平衡标准，计算全国重点牧区半牧区草畜平衡状况，实现全国重点牧区、半牧区的草畜平衡监测。此外，为了掌握季节性草畜平衡状况，开展重点区域草畜平衡试点。

一、地面调查

通过访问调查等方式获取草食家畜饲料结构状况，以便分析牧区、半牧区县（旗）的补饲情况。调查分为两级：一是以县（旗）为单位进行调查，调查各县（旗）总体补饲情况。二是以户为单位进行调查，入户调查补饲情况，所选择的典型户要有代表性，既能代表不同的区域（牧区、半农半牧区、农区），又能代表不同的养殖规模（大、中、小户），还能代表不同的养殖方式（放养、舍饲和半舍饲养殖）。同时，调查填写上一年度末各县（旗）和典型户的草食牲畜数据，调查内容见表5-3、表5-4。

（1）人工草地调查。对本县（旗）的人工草地面积和产草量进行调查，产草量应折算为烘干产草量。

（2）秸秆补饲调查。调查有关县（旗）和典型户农作物秸秆用于牲畜饲料的数量。

（3）青贮饲料量。调查用于饲喂牲畜的青贮玉米或其他青贮饲料的数量。

（4）粮食补饲量。调查玉米、豆类等粮食用于补饲的数量。

（5）补饲总天数。指一年内补饲时间折合的总天数。

（6）放牧天数。一年内放牧时间的总天数。补饲总天数加放牧总天数应为365天。

表5-3 分县补饲情况及草食性畜数量调查表

省（自治区、直辖市）：_____ 填表日期：_____年_____月_____日 填表人：_____ 填表单位：_____

县（旗）名称	A	B	C	D	E	F	G	草食性畜存栏数（万只、万头）					
								绵羊	山羊	牛	马	骆驼	其他草食性畜

注：A. 人工草地（包括饲料地）面积，单位：公顷；B. 人工草地产草总量（包括饲料作物产量），单位：折合干草，吨；C. 补饲秸秆草总量，单位：折合干草，吨；D. 青贮饲料总量，单位：吨；E. 粮食补饲总量，单位：吨；F. 补饲总天数，单位：天；G. 放牧总天数，单位：天。

表 5-4　入户补饲情况及草食性畜数量调查表

省（自治区、直辖市）：＿＿＿　填表日期：＿＿＿　年＿＿月＿＿日　填表人：＿＿＿　填表单位：＿＿＿

户主姓名	A	B	C	D	E	F	G	草食性畜存栏数（只、头）					
								绵羊	山羊	牛	马	骆驼	其他草食性畜

注：A. 人工草地（包括饲料地）面积，单位：公顷；B. 人工草地产草总量（包括饲料作物产量），单位：折合干草，千克；C. 补饲秸秆等总量，单位：折合干草，千克；D. 青贮饲料总量，单位：千克；E. 粮食补饲量，单位：千克；F. 补饲总天数，单位：天；G. 放牧总天数，单位：天。

二、综合监测评价

（一）牲畜数量的计算

上一年度末监测单元内（旗、县）的牲畜存栏数，属于统计资料，由各地填报的统计数据获取，不同的草食牲畜换算成标准羊单位，包括山羊、绵羊、牛、马、骡子、骆驼等草食性牲畜。

（二）总饲草量的计算

将牧区和半牧区县（旗）的行政界线叠加到草原产草量分布图上，分县（旗）统计产草量，然后获得可食性干重、可利用面积上的可采食干重和现存可食产草量的基础上，计算总饲草量。

总饲草量主要包括遥感测算的天然草原地上产草量和天然草原放牧牲畜采食量。产草量是计算草畜平衡的基础，产草量结合放牧利用率进行折算，得到可食性的产草量，再将可食性产草量进行可利用面积上的折算，得到可利用面积上的可食性产草量。已采食产草量是假定在某段时间完全放牧的情况下被牲畜采食的草产量。获得牲畜已采食产草量，主要是通过入户调查和分县调查表获取完全放牧时间，然后用上一年末的牲畜存栏数、羊单位采食标准和完全放牧时间（天），计算牲畜已经采食的产草量。

（三）草畜状况分级评价

根据计算的天然草原的合理载畜量和实际载畜量，构建草畜平衡指数（*PLBI*）用来评价草原资源承载力。计算公式如下：

$$PLBI_m=[(C_a - C_m) / C_m] \times 100\% \qquad (5\text{-}21)$$

式中：$PLBI_m$ 为天然草原草畜平衡指数（%）；C_a 为天然草原实际载畜量（羊单位）；C_m 为天然草原合理载畜量（羊单位）。

根据各县（旗）计算的载畜平衡指标划分草畜平衡等级，等级的划分可以根据当地的放牧试验等结果进行划分，划分的等级也可依据监测面积的大小和当地的实际需要而定。草畜平衡等级一般划分为 5 级，分为极度超载、严重超载、超载、载畜平衡和载畜不足。

三、季节性草畜平衡监测

为了准确掌握不同季节草原承载力的情况，各地根据实际需要开展季节草场的草畜平衡监测。

第六节　草原工程效益监测

一、地面调查

该项调查的目的是分析、评价草原保护建设工程实施后，项目工程区草原植被变化情况，见表 5-5。

对本省份实施草原保护建设工程项目的情况进行详细摸底，掌握工程实施县（旗）的工程名称、面积、分布、建设时间、工程措施、投资情况等情况。要与种草改良地块上图工作相结合。

（一）样方编号和照片编号

例如，河北丰宁—退—01—内和河北丰宁—退—01—外，表示河北省丰宁县退牧还草工程区内外第一组对照样方。样方编号和照片编号要一致。

（二）地面调查

在每个项目县（旗）的每一个工程项目内至少做 2~3 组工程区内、外对照样方，即每组包括工程区内的样方和工程区外基本等距地点的对照样方，并且每个对照组的工程区外样方应尽可能选在与工程实施前草原植被等状况基本一致的地段。不同组的工程区内、外对照样方应尽量分布在不同的工程区域内外，应能实事求是地反映项目工程的生态和经济效益。

调查日期： ＿＿＿年＿＿＿月＿＿＿日　　　调查人：＿＿＿＿＿

表 5-5　草原工程效益对照样方调查表

工程名称		行政区	省(自治区、直辖市)＿＿＿　县(旗)＿＿＿　乡(苏木)＿＿＿
		建设时间	
工程面积　＿＿＿公顷		项目投资　总投资＿＿＿万元　其中中央＿＿＿万元	工程措施

样方测定

	工程区域内样方	工程区域外样方
样方编号	照片编号	照片编号
样方定位	东经：　　北纬：　　海拔：	东经：　　北纬：　　海拔：
植被特征	盖度：＿＿＿%；　平均高度：＿＿＿厘米；　植物种数：	盖度：＿＿＿%；　平均高度：＿＿＿厘米；　植物种数：
主要植物		
主要毒害草		

当年产草量测定

	工程区域内样方								产草量折算(千克/公顷)		工程区域外样方								产草量折算(千克/公顷)	
	鲜重(克)			平均	干重(克)			平均	鲜重	烘干重	鲜重(克)			平均	干重(克)			平均	鲜重	烘干重
	1	2	3		1	2	3				1	2	3		1	2	3			
总产草量																				
可食产草量																				

注：工程效益对照比样方编号为"省县—工程项目名称缩写—组号—内"和"省县—工程项目名称缩写—组号—外"。

二、遥感监测

采用长时间序列遥感数据，结合气象数据，分析草原植被长势变化趋势，提取植被显著恢复区域。

三、综合分析

综合利用地面样地调查、遥感监测、气象条件、模型分析等结果，对草原工程成效进行评估。

第七节　草原生态自动定位监测

一、重要意义

新形势下，草原固定监测点要向草原生态自动监测的方向转变。生态自动监测站具有全天候、准实时、无人值守等特点，利用先进的物联网（3G/4G、NB-IoT 和 LoRa 无线组网）技术，实现草原环境气象、空气质量、土壤环境、植被信息等"水、土、气、生"多要素信息的实时采集和无线传输，结合定位观测站创新的多通道高清图像传感器，并借助机器学习、大数据、云计算等数字技术，实现数据的智能采集、智能分析及智能辅助实现数据挖掘等功能。通过构建数字化、智能化、可视化的云平台，实现全国草原自动生态监测数据的实时、在线浏览，辅助管理决策。

管理者可通过云平台实时掌握不同地区的植被、气候、土壤等监测数据，通过图片信息直观感受当地草原生态状况。全国草原全自动生态监测站可实时返回植被盖度、高度，土壤墒情，气象要素，空气质量等指标，其中草原综合植被盖度为生态文明考核指标。此外，这些还是草原生态系统健康、功能、价值评估的重要指标，将为全国草原管理提供重要的数据支撑。

草原生态自动监测总体技术路线如图 5-5 所示。

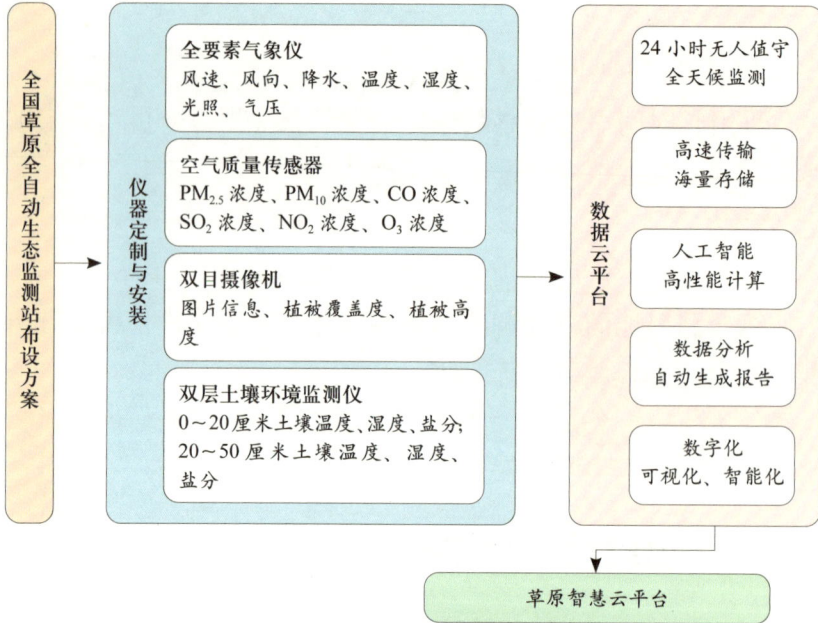

图 5-5　草原生态自动监测总体技术路线

二、工作原理

自动生态监测站是一款模块化设计的全天候、实时的专门为生态监测研发的全自动生态监测站，无人值守、无需市电，可用于测量风速、风向、气温、湿度、气压、光照、雨量、土壤温度、土壤水分等各类气象和图像数据。利用先进的物联网（3G/4G、NB-IoT和 LoRa 无线组网）技术，实现水质、水文气象、环境气象、空气质量和土壤环境等信息的实时采集和无线传输，结合定位观测站创新的多通道高清图像传感器，并借助机器学习、大数据、云计算等数字技术，实现数据的智能采集、智能分析及智能辅助实现数据挖掘等功能。新型智能定位观测站还具有一站多用、性价比高、轻量化设计便捷安装等特点。工作原理如图 5-6 所示。

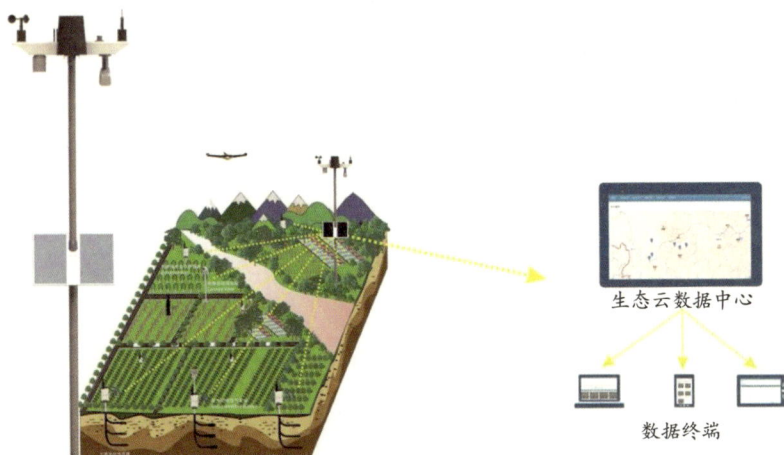

图 5-6　草原生态自动监测站工作原理

三、主要监测指标

草原生态自动监测站可实现对"水、土、气、生"多要素的全自动采集，主要采集植被指标、土壤指标、气象指标、空气质量指标和图像信息。全部指标可实现全自动采集，共可采集 18 个指标，其中植被指标 2 个、土壤指标 3 个、气象指标 6 个、空气质量指标 6 个、图像信息 1 个。

（一）全要素气象仪

测量指标包括风速、风向、温度、湿度、降水量、光照强度。

（二）空气质量监测传感器

测量指标包括 $PM_{2.5}$ 浓度、PM_{10} 浓度、CO 浓度、SO_2 浓度、NO_2 浓度、O_3 浓度。

（三）土壤环境监测仪

测量指标包括 0～20 厘米土壤温度、0～20 厘米土壤湿度。

（四）摄像模块

测量指标包括植被盖度、植被指数、高清图像。

（五）草原植被盖度自动测量模块

植被盖度模块通过智能采集系统、云平台系统结合高清无畸变相机自动、定时采集植被正射图像，结合云平台盖度分析模块，可计算出植被覆盖度。

（六）空气质量监测传感器

包括 $PM_{2.5}$ 浓度、PM_{10} 浓度。

（七）双层土壤环境监测仪

包括 0～20 厘米土壤温度、湿度、盐分含量；20～50 厘米土壤温度、湿度、盐分含量。

详细指标信息和各指标的用途见表 5-6。

表 5-6　草原全自动生态监测站采集指标及用途

一级指标	二级指标	采集频率	指标用途
植被	植被盖度	1 天 2～4 次	生态文明考核指标
	植被高度	1 天 2～4 次	草原生产力、长势评估
土壤	土壤温度（双层）	1 小时 1 次	土壤墒情评估
	土壤湿度（双层）	1 小时 1 次	
	土壤盐分（双层）	1 小时 1 次	草原退化评估
气象	风速	1 小时 1 次	土壤风蚀评估
	风向	1 小时 1 次	
	温度	1 小时 1 次	气候变化分析；气候因素对草原影响评估；工程成效评估
	湿度	1 小时 1 次	
	降水量	1 小时 1 次	
	光照强度	1 小时 1 次	
空气质量	$PM_{2.5}$ 浓度	1 小时 1 次	空气质量评估
	PM_{10} 浓度	1 小时 1 次	
	CO 浓度	1 小时 1 次	
	SO_2 浓度	1 小时 1 次	
	NO_2 浓度	1 小时 1 次	
	O_3 浓度	1 小时 1 次	
图像	800 万像素图片	1 天 2～4 次	目视判断；人工智能解译盖度、高度

四、配备功能

(1) 无人值守、数据自动采集。在无人看守的情况下使用，可设置定时采集，也可手动采集，自动记录数据并存储。

(2) 可视化云平台。具有物联网云数据共享功能，需建设实现数据展示、下载、分析功能的云平台，用户可以通过 PC、手机或者 Pad 客户端的浏览器访问数据服务器，随时随地查看气象站工作情况。用户登录网址，然后输入用户名和密码，即可显示结果。精准捕捉草原植被每日生长动态，提取草原生长曲线、草原盖度、植被长势等。

(3) 数据统计分析功能。可按年、月、日、小时进行单要素最大值、最小值、平均值的统计。与打印机相连自动打印存储数据，数据存储格式为 Excel 标准格式可供其他软件调用。

(4) 主杆和支架要求。主杆高度不小于 2 米，表面采用热镀锌、静电喷塑工艺处理，抗腐蚀、抗氧化性强，安装支架高度可根据采购人要求和布设地点立地条件进行调整，能够根据不同规范安装气象传感器。抗风等级：≤ 75 米 / 秒，配备防风拉索及防雷保护装置。

(5) 具有太阳能自供电系统，无需外接电源。

(6) 带 GPS 定位功能，可实时显示采集点经纬度并保存。

(7) 数据保存功能强大，可存储不少于 3 年的数据。

五、应用示范

目前，在全国已建立 21 个草原全自动生态监测站，见表 5-7。

以东乌珠穆沁旗——温性草原类监测站为示例，该监测站位于内蒙古锡林浩特市东乌珠穆沁旗里雅斯太镇东乌旗轮牧样地，海拔 2924 米，草原类型为温性草原类，站点采集指标参数包括气象数据，土壤温、湿度，图像，植被指数，植被盖度等，如图 5-7 所示。

草原固定监测站点监测数据包含空气温度、空气湿度、大气压强、光照强度、降雨量、土壤温度、土壤湿度、$PM_{2.5}$、PM_{10}、3 个图像通道，共计 12 个监测参数数据。

点击要查看的草原固定监测站点，可获取详细站点信息，如监

表 5-7　全国现有草原全自动定位观测站点

序号	名称
1	内蒙古克什克腾旗草原定位监测站 1
2	内蒙古克什克腾旗草原定位监测站 2
3	内蒙古克什克腾旗草原定位监测站 3
4	内蒙古克什克腾旗草原定位监测站 4
5	内蒙古巴林左旗草原定位监测站 1
6	内蒙古敖汉旗草原定位监测站 1
7	内蒙古新巴尔虎右旗草原定位监测站 1
8	内蒙古新巴尔虎右旗草原定位监测站 2
9	内蒙古阿鲁科尔沁旗草原定位监测站 1
10	内蒙古阿鲁科尔沁旗草原定位监测站 2
11	内蒙古巴林右旗草原定位监测站 1
12	内蒙古乌拉盖草原定位监测站 1
13	内蒙古西乌珠穆沁旗草原定位监测站 1
14	内蒙古东乌珠穆沁旗草原定位监测站 1
15	内蒙古苏尼特左旗草原定位监测站 1
16	内蒙古锡林浩特市草原定位监测站 1
17	内蒙古锡林浩特市草原定位监测站 2
18	甘肃山丹县草原定位监测站 1
19	甘肃庆阳市草原定位监测站 1
20	重庆武隆区草原定位监测站 1
21	青海贵南县草原定位监测站 1
22	青海玛沁县草原定位监测站 1
23	青海玛多县草原定位监测站 1
24	青海甘德县草原定位监测站 1
25	新疆和静县草原定位监测站 1
26	新疆和静县草原定位监测站 2

图 5-7　东乌珠穆沁旗——温性草原类固定监测站点

测站点详细空间位置、监测类型、监测传感系统版本等，查看传感器参数及相关数据。监测站点实时采集监测区域内气象动态信息，站点配置有温湿度传感器、土壤传感器和光照传感器等，对监测区域进行实时气象监测，监测时间步长为 30 分钟 1 次，24 小时不间断进行。监测指标包括温度、湿度、气压、风速、光照强度、土壤理化性质等共计 11 个气象因子指标，并对每个指标的动态变化进行了初步分析。通过对气象数据进行检索，选择查看时序时间内气象的动态变化数值，可实时掌握监测区域内气候变化及光照关系，分析植被情况与气象因子的相关性。在固定站点监测平台中，可以查看监测站点所采集的各种数据及因子动态变化信息。

固定监测站点配置有时序物候监测相机，分别对监测区域内的垂直地面植被情况及周边情况进行实时监测，目前有多光谱、近红外、可见光 3 种数码影像监测通道，时序数码影像数据可从天航华创生态云监测平台进行下载。物候相机数码照片的拍摄时间段随季节变化，一般为早晨天亮开始拍摄，拍摄频率为 3 小时 1 次，两个站点详细拍摄配置相同。

通过对云服务器采集到的数据进行统计、分析与计算。用户在手机或电脑端登录构建好的 web 客户端，可以查看各个监测站点的实时情况，掌握监测站点的动态信息。包括监测站点类型、监测站点地理位置、监测站点相关设备配置及气象传感器类型等，可根据需要进行查看。拍摄周期为草种生长期阶段，以监测站点为中心，分别对垂直地面植被、周边远景进行实时拍摄，如图 5-8、图 5-9 所示。

图 5-8　样方监测

图 5-9　远景监测

六、碳汇监测

草原是仅次于森林的第二大碳库，在实现碳达峰、碳中和目标中发挥着重要作用。为科学监测草原碳汇与草原生态环境质量，充分发挥物联网、天空地一体化监测技术在草原监测中的作用，建设草原碳汇与环境质量一体化监测站十分重要。

草原碳汇与环境质量一体化监测站是一款物联网感知设备，通过自动化控制、集成化设计和高效太阳能技术，适应低温、多云光弱地区；观测站可适应 -40～50℃、高盐高湿等恶劣户外环境，实现长时间可靠运行；兼容多种传感器，实现草原生态系统尺度碳通量、气象、空气质量、土壤、植被参数等数据的高精度采集，并利用Lora、4G、WIFI等无线通信技术实时回传数据至云平台；利用大数据、云计算，实现草地碳通量，植被盖度、高度，物候等参数的自动计算与识别，为草原生态系统的退化恢复及生态保护可持续发展提供数据支持。监测站示意图如图 5-10 所示。

图 5-10　草原碳汇监测站示意

监测站通过 5 类传感器、三类相机的继承，实现覆盖"水、土、气、生、碳"全要素 19 个参数，3 种图像和多光谱信息的全自动化采集。

第八节　年度动态监测成果

一、数据库

（一）矢量数据库

（1）草原样地、样线、样方、植物等调查数据库。
（2）草原图斑数据库。

（二）栅格数据库

（1）多光谱遥感数据库。

（2）各类植被指数数据库。

（3）指标反演图层数据库。

（三）支撑数据库

（1）指标遥感模型库。建立草原植被盖度、产草量、生物量、碳储量等指标模型库。

（2）测算过程档案数据库。草原专题数据汇总与计算过程文档，详细计算测算步骤、方法与问题处理过程。

（3）数据字典数据库。

（4）数表数据库。

二、统计表

按照草原分区、重点战略区、国家公园、重点生态功能区、重要生态系统保护和修复重大工程区及全国—省—市、全国—省—市—县产业38项统计报表。统计报表内容包括草原资源面积、产草量、草地类型、草原综合植被盖度、生物量、碳储量等。

三、专题图

按照全国、草原分区、重点战略区、国家公园、重点生态功能区、重要生态系统保护和修复重大工程区产业11项专题图。专题图包括草原分区、草原类型、草原植被盖度分级、单位面积鲜草产量分级、植被碳密度分级、土壤碳密度分级等。

检查专题图的投影系统、比例尺是否合适；采用的色彩标准、基础地理要素、图面整饰、图斑精度等，是否符合相关规范要求。

四、年度监测报告

编制草原年度监测报告，包括监测结果概要、草原资源状况、草原生态状况、长势动态、保护修复成效、重点区域分析、生物灾害监测、执法监督、草业发展、展望与建议、附图、附表等内容。

第六章
草原生态状况评价

第一节　草原健康和退化评估

一、评价范围

草原健康和退化评估主要任务是建立评估指标体系，对当前草原生态状况和阶段性时期内的发展变化进行科学分析，对草原健康、退化程度等进行定量定性评估，摸清草原健康和退化面积、分布、等级等情况，掌握草原生态现状和生态变化过程。建设草原健康和退化数据库，对草原健康和退化状况进行落地上图，制作黑土滩型草地等专题图。

评估范围为第三次全国国土调查及年度变更调查确定的草地，包括天然牧草地和其他草地，人工牧草地不进行评估。

二、技术方法

采用"天空地"一体化技术手段，通过布设样地样方，地面调查结合遥感技术获取草地健康和退化状况数据，以 20 世纪 80 年代草地资源状况为参照，结合相关技术规程、标准，建立草原健康和退化评价指标体系、构建评估模型，将监测数据与评估参照系进行对比，通过定量方法进行草原健康和退化评估，形成草原健康、草原退化等专题成果。

三、评估参照系

（一）草原健康

以草原生态系统结构完整性、功能作用发挥情况为主要评价要素，默认 20 世纪 80 年代大部分草地资源状况是健康的，建立草原健康评价参考标准作为健康评价的基本依据，将监测数据与该标准进行对比，得出草原健康等级。

（二）草原退化

以 20 世纪 80 年代草地资源状况为参照，通过构建退化评估模型，将监测数据与评估参照系进行对比，评估 20 世纪 80 年代至当前阶段草原退化情况。

四、抽样方法

根据草原植被分布特征，综合考虑草原类组、类、型等因素，总体采用分层抽样和随机抽样相结合的方法进行抽样。

（一）分层指标

一级分层指标为草原类组，确保一个单元内所抽样本都能够覆盖各草原类组。

二级分层指标为草原类，确保一个单元内所抽样本都能够覆盖各草原类。

三级分层指标为草原型，各省份可根据实际情况适当考虑草原型的样本量。

（二）样地布设

1. 布设原则

（1）代表性原则。样地设置区域应有较好代表性、一致性，能够代表周围区域主要的草地植被和类型。样地布设时，首先要分析样地分布密度、范围及所在区域的遥感影像信息特征，对于草原类型相同、遥感影像特征相似，空间重复或分布密集的样地，应适当减少；对于空间分布差异明显却没有监测样地分布的草原类型空白区，补充设置样地。样地布设要注意：①不同草地类型，每个草原型至少设置 1 个样地。②利用方式及利用强度有明显差异的同类型草地，应分别设置样地。③黑土滩型草地应保证必要的样地数量。④不同地形地貌的草地应分别设置样地。⑤山地垂直带谱上的草地，样地设置要考虑垂直变化，一般应设置在每一垂直分布带的中部，并且坡度、坡向和坡位应相对一致。⑥在草地类型隐域性分布的地段，样地设置应选在地段中环境条件相对均匀一致的地区。草地植被呈斑块状分布时，则应增设样地。

（2）可比性原则。为有效衔接和充分利用已有的草原监测数据，实现可比性，在样地布设时，要系统考虑国家林草生态综合监测草原样地和其他已有监测样地，实现草原植被特征动态变化对比分析，便于退化草原的监测评估。

（3）可操作性原则。样地设置应保证交通便利，方便开展外业调查。对于草原类型特征明显但无法抵达的，可考虑设置航拍样地，通过航拍技术手段来获得草原植被信息。

2.布设方法

（1）复位样地。样地布设应充分结合国家林草生态综合监测草原样地和已有其他草原监测样地，尽量与已有样地复位，减少工作量。

（2）补充样地。当复位样地数量未达到抽样样本量时，可综合考虑草原资源分布规律和生态状况差异性，结合高分辨率遥感影像和地形地貌特征，增设补充样地。

五、评估方法

（一）指标体系

遵循科学性、可操作性、代表性和系统性原则，参考相关国家和行业标准，结合全国草原调查监测技术规程，建立以草原植被群落状况、地表特征、生物多样性、牧草生产性能等 4 个一级指标和

6 个相关二级指标为主要内容的草原健康和退化评价指标体系。在此基础上，结合专家打分，采用层次分析法确定各指标的权重系数，见表 6-1。

表 6-1 草原健康和退化评估指标体系

一级指标		二级指标		方向
指标名称	权重系数	指标名称	权重系数	
1. 植被群落状况	0.30	（1）植被覆盖度（%）	1.0	正
2. 地表特征	0.20	（2）裸地（斑）面积比例（%）	1.0	负
3. 生物多样性	0.25	（3）物种丰富度 *	1.0	正
4. 牧草生产性能	0.25	（4）产草量（千克／公顷）	0.5	正
		（5）可食牧草比例（%）	0.25	正
		（6）毒害草比例（%）	0.25	负

注：物种丰富度即为植物种数。

（二）指标计算

通过综合评价指数——草原健康指数（GHI）来反映草原生态系统的整体状况。草原健康指数由植被群落状况指数（VCI）、地表特征指数（LCI）、生物多样性状态指数（BDI）、牧草生产性能指数（FPI）4 个分指数构成，分别反映草原植被生长状况好坏、草原地表基况优劣、生物多样性丰富程度多少和草原生产能力高低。

1. 草原健康指数

计算公式如下：

$$GHI = 0.3 \times VCI + 0.2 \times LCI + 0.25 \times BDI + 0.25 \times FPI \qquad (6\text{-}1)$$

2. 植被群落状况指数

计算公式如下：

$$VCI = (\frac{VC}{VC_r}) \times 100\% \qquad (6\text{-}2)$$

式中：VC 为植被覆盖度（%）；VC_r 为植被覆盖度的参照值（%）。

3. 地表特征指数

计算公式如下：

$$LCI=(\frac{BP_r}{BP})\times100\% \tag{6-3}$$

式中：BP 为裸地（斑）面积比例（%）；BP_r 为裸地（斑）面积比例的参照值（%）。

4. 生物多样性状态指数

计算公式如下：

$$BDI=(\frac{SR}{SR_r})\times100\% \tag{6-4}$$

式中：SR 为原生植物种数；SR_r 为原生植物种数的参照值。

5. 牧草生产性能指数

计算公式如下：

$$FPI=(\frac{FP}{FP_r}\times0.5+\frac{EF}{EF_r}\times0.25+\frac{PH_r}{PH}\times0.25)\times100\% \tag{6-5}$$

式中：FP 为产草量（千克/公顷）；FP_r 为产草量的参照值（千克/公顷）；EF 为可食牧草比例（%）；EF_r 为可食牧草比例的参照值（%）；PH 为毒害草比例（%）；PH_r 为毒害草比例的参照值（%）。

6. 参照值的确定

基于 20 世纪 80 年代以来的历史调查监测数据，确定不同草原类各指标的参照值，见表 6-2。各省份要在此基础上，结合历史调查

表 6-2　不同草原类指标参照值

草原类	植被覆盖度（%）	裸地（斑）面积比例（%）	原生植物种数（种）	产草量（千克/公顷）	可食牧草比例（%）	毒害草比例（%）
温性草甸草原	80	10	20	1500	80	10
温性草原	50	30	15	1000	90	10
温性荒漠草原	35	40	10	500	90	10
高寒草甸草原	50	10	10	400	90	10
高寒草原	40	20	10	300	90	10
高寒荒漠草原	25	50	8	200	90	10
温性草原化荒漠	20	60	8	500	90	10
温性荒漠	20	70	5	400	85	15

(续)

草原类	植被覆盖度（%）	裸地（斑）面积比例（%）	原生植物种数（种）	产草量（千克/公顷）	可食牧草比例（%）	毒害草比例（%）
高寒荒漠	10	80	4	100	85	10
暖性草丛	80	5	15	2000	85	10
暖性灌草丛	85	5	15	2200	85	10
热性草丛	90	5	15	2700	85	10
热性灌草丛	90	5	15	2600	85	10
干热稀疏灌草丛	85	5	15	2000	85	10
低地草甸	90	10	10	2000	90	10
山地草甸	90	10	20	1800	85	10
高寒草甸	90	10	10	1000	85	10

数据、草原实际状况或利用遥感技术对参照值进行细化完善，确定本省份合理的指标参照值。

（三）草原健康和退化评价

1.健康评价

根据草原健康指数 GHI 计算结果，将草原健康状况分为健康、亚健康、不健康、极不健康 4 个等级，具体见表 6-3。

表 6-3　草原健康等级划分

序号	指数	等级
I	$GHI \geqslant 80$	健康
II	$60 \leqslant GHI < 80$	亚健康
III	$40 \leqslant GHI < 60$	不健康
IV	$GHI < 40$	极不健康

2.退化评价

根据评估年与基准年草原健康指数的变化情况（ΔGHI）判断草原是否退化，并评价退化程度，计算公式如下：

$$\Delta GHI = GHI_a - GHI_r \tag{6-6}$$

式中：GHI_a 为评估年指数；GHI_r 为基准年指数，采用 20 世纪 80 年代全国第一次草地普查数据；ΔGHI 为负值，则判断为草原退化，ΔGHI 为 0 或正值，则判断为未退化。依据 ΔGHI 将草原退化分为 4 个等级，见表 6-4。

表 6-4　草原退化程度等级划分

序号	指数变化范围	等级
I	$\Delta GHI \geqslant 0$	未退化
II	$-20 \leqslant \Delta GHI < 0$	轻度退化
III	$-40 \leqslant \Delta GHI < -20$	中度退化
IV	$\Delta GHI < -40$	重度退化

第二节　草原生态功能与价值评估

草原是我国面积最大的陆地生态系统，草地不仅提供饲草饲料支撑畜牧业生产，在水源涵养、水土保持、防风固沙以及生物多样性保护和陆地生态系统碳循环中也扮演着重要角色。草原生态功能与价值评估依据《草原生态价值评估技术规范》（LY/T 3321—2022）进行。

一、评估指标体系

草原生态价值主要由草原生态系统结构与功能决定，可向人类提供的各种服务及惠益的价值化形式，包括支持服务价值、供给服务价值、调节服务价值和文化服务价值等主要类别。

草原生态价值评估指标体系划分为 4 个一级生态价值评估指标、10 个二级生态价值评估指标和 16 个三级生态价值评估指标，见表 6-5。

表 6-5　草原生态价值评估指标体系

一级指标		二级指标		三级指标	
序号	名称	序号	名称	序号	名称
I	草原支持服务价值	1	土壤保育价值	(1)	土壤保持价值
				(2)	防风固沙价值
				(3)	土壤养分固持价值
		2	养分输入价值	(4)	养分输入价值
II	草原供给服务价值	3	牧草供给价值	(5)	牧草供给价值
		4	生产原材料供给价值	(6)	植物性生产原材料供给价值
		5	种质资源保育价值	(7)	物种保育价值
III	草原调节服务价值	6	水源涵养价值	(8)	水量调节价值
				(9)	水质净化价值
		7	气候变化减缓价值	(10)	碳固持价值
		8	微气候调节价值	(11)	降温价值
				(12)	增湿价值
		9	空气质量调节价值	(13)	释放氧气价值
				(14)	释放负氧离子价值
				(15)	滞尘价值
IV	草原文化服务价值	10	风景游憩价值	(16)	草原生态旅游价值

二、评估数据来源

草原生态价值评估所用数据主要有 5 个来源：

（1）草原资源地面调查或监测数据，主要包括样地调查、采样测定的参数。

（2）草原生态系统野外长期动态观测数据，主要包括实验测定、站点观测的参数。

（3）遥感监测数据，主要包括遥感反演的生态参数。

（4）模型模拟数据，主要包括生产力模型、土壤侵蚀方程等模型模拟参数。

（5）权威机构公布的社会公共资源数据，主要包括统计数据、气象数据等。

三、评估技术流程

草原生态价值评估技术流程如图 6-1 所示。

（1）评估区域以行政单元或自然地理单元为主，评估时间以年计。

（2）根据评估区域草原生态系统特性，参考表 6-5 的草原生态价值评估指标体系，确定纳入草原生态价值评估的指标及其涉及的物质量参数。

（3）按照《草原生态价值评估技术规范》（LY/T 3321—2022）中草原生态价值物质量参数计算方法，选择各类生态价值评估指标的物质量计算方法。

（4）获取物质量计算所需的站点观测、样地调查、采样测定、空间插值、遥感反演等输入参数的数据，利用选择的物质量计算方法，获取区域尺度各评估指标的物质量空间分布数据。

（5）收集社会公共资源数据，依据草原生态价值分项核算方法计算分项生态价值量，获取评估区域分项价值量空间分布数据。

（6）利用空间统计方法汇总分项生态价值量，得到评估区域的草原生态总价值，进一步利用草原生态价值变化量和草原生态价值指数进行区域草原生态价值评估。

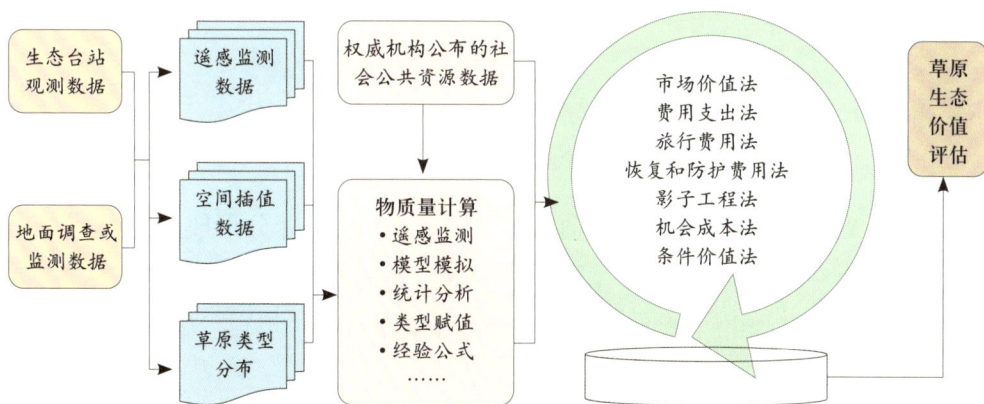

图 6-1　草原生态价值评估的技术流程

四、价值核算方法

（一）价值分项核算方法

1. 土壤保育价值

（1）土壤保持价值。计算公式如下：

$$V_{Esoil} = R_{Esoil} \times p_S \qquad (6-7)$$

式中：V_{Esoil} 为草原土壤保持价值（元／年）；R_{Esoil} 为草原土壤保持量（吨／年）；p_S 为生物保土工程成本与维护费用（元／吨）。

（2）防风固沙价值。计算公式如下：

$$V_{Ewind} = R_{Ewind} \times p_{Sa} \qquad (6-8)$$

式中：V_{Ewind} 为草原防风固沙价值（元／年）；R_{Ewind} 为草原防风固沙量（吨／年）；p_{Sa} 为生物固沙工程成本与维护费用（元／吨）。

（3）土壤养分固持价值。计算公式如下：

$$V_{NR} = R_{NR} \times p_N \qquad (6-9)$$

式中：V_{NR} 为草原土壤养分固持价值（元／年）；R_{NR} 为草原土壤养分固持量（吨／年）；p_N 为有机肥市场价格（元／吨）。

2. 养分输入价值

计算公式如下：

$$V_N = R_N \times p_N \qquad (6-10)$$

$$R_N = R_{NV} + R_{NL} \qquad (6-11)$$

式中：V_N 为草原养分输入价值（元／年）；R_N 为草原养分形成量（吨／年）；p_N 为有机肥市场价格（元／吨）；R_{NV} 为每年新增的草原植被养分持留量（吨／年）；R_{NL} 为草原枯落物分解量（吨／年）。

3. 牧草供给价值

计算公式如下：

$$V_{Pg} = P_g \times p_g \times A \qquad (6-12)$$

式中：V_{Pg} 为牧草供给价值（元 / 年）；P_g 为牧草产量 [吨 /（公顷・年）] ；p_g 为同类饲草料市场价格（元 / 吨）；A 为草原面积（公顷）。

4. 生产原材料供给价值

计算公式如下：

$$V_{Prmp}=P_{rmp} \times p_{rmp} \tag{6-13}$$

式中：V_{Prmp} 为草原植物性生产原材料供给价值（元 / 年）；P_{rmp} 为草原植物性生产原材料产量（吨 / 年）；p_{rmp} 为草原植物性生产原材料市场价格（元 / 吨）。

5. 种质资源保育价值

计算公式如下：

$$V_{BC}=(1+B \times 0.1+T \times 0.1) \times V_{GBC} \times A \tag{6-14}$$

式中：V_{BC} 为草原物种保育价值（元 / 年）；B 为濒危物种指数；T 为特有物种指数；V_{GBC} 为单位面积草原物种保育价值 [元 /（公顷・年）] ，根据 Shannon-Wiener 指数分级取值，具体取值参照《草原生态价值评估技术规范》（LY/T 3321—2022）；A 为草原面积（公顷）。

6. 水源涵养价值

（1）水量调节价值。计算公式如下：

$$V_{Pw}=P_W \times p_r \tag{6-15}$$

式中：V_{Pw} 为草原水源涵养价值（元 / 年）；P_W 为草原拦蓄降水量（吨 / 年）；p_r 为水库单位库容成本（元 / 吨）。

（2）水质净化价值。计算公式如下：

$$V_{WQ}=P_W \times p_{WQ} \tag{6-16}$$

式中：V_{WQ} 为草原水质净化价值（元 / 年）；P_W 为草原水质净化量，即拦蓄降水量（吨 / 年）；p_{WQ} 为污水处理价格（元 / 吨）。

7. 气候变化减缓价值

计算公式如下：

$$V_{CS}=R_{CS} \times p_{CS} \tag{6-17}$$

式中：V_{CS} 为草原植被碳固定价值（元／年）；R_{CS} 为草原植被碳固定量（吨／年）；p_{CS} 为碳税替代价格（元／吨）。

8. 微气候调节价值

（1）降温价值。计算公式如下：

$$V_{temp} = \frac{R_{temp}}{\eta_a} \times \frac{w_a}{1000} \times p_e \tag{6-18}$$

式中：V_{temp} 为草原降温价值（元／年）；R_{temp} 为草原夏季降温吸热量（千焦）；η_a 为空调制冷效率，取值 50400 千焦／小时；w_a 为空调功率，取值 4800 瓦；p_e 为电费单价 [元／（千瓦·小时）]。

（2）增湿价值。计算公式如下：

$$V_{wet} = \frac{R_{wet}}{\eta_h} \times \frac{w_h}{1000} \times p_e \tag{6-19}$$

式中：V_{wet} 为草原增湿价值（元／年）；R_{wet} 为草原年均增湿量（千克／年）；η_h 为加湿器工作效率（千克／小时）；w_h 为加湿器输入功率（瓦）；p_e 为电费单价 [元／（千瓦·小时）]。

9. 空气质量调节价值

（1）释放氧气价值。计算公式如下：

$$V_{O_2} = R_{O_2} \times p_{O_2} \tag{6-20}$$

式中：V_{O_2} 为草原植被释氧价值（元／年）；R_{O_2} 为草原植被释氧量（吨／年）；p_{O_2} 为医用氧气替代价格（元／吨）。

（2）释放负氧离子价值。计算公式如下：

$$V_{O^-} = \frac{R_{O^-}}{\varrho_m} \times p_m \tag{6-21}$$

式中：V_{O^-} 为草原释放负氧离子价值（元／年）；R_{O^-} 为草原释放负氧离子量 [（个·天）／年]；ϱ_m 为空气清新机日均释放负氧离子的性能 [个／（台·天）]；p_m 为空气清新机日运行费用 [元／（台·天）]。

（3）滞尘价值。计算公式如下：

$$V_d = R_d \times p_d \tag{6-22}$$

式中：V_d 为草原滞尘价值（元／年）；R_d 为草原滞尘量（吨／年）；

p_d 为削减灰尘成本（元/吨）。

10．风景游憩价值

计算公式如下：

$$V_R = \sum_{i=1}^{n} V_{R_i} \tag{6-23}$$

式中：V_R 为草原风景游憩价值（元/年）；V_{R_i} 为草原生态旅游收益（元/年）；i 为草原生态旅游区的门票、交通、食宿等旅游收益项目（i=1，2，3，…，n）。

（二）草原生态价值评估方法

1．草原生态总价值

计算公式如下：

$$V_G = \sum_{i=1}^{n} V_i \tag{6-24}$$

式中：V_G 为评估区域的草原生态总价值量（元/年）；V_i 为草原分项生态价值量（元/年）；i 为评估区域草原生态价值评估指标项（i=1，2，3，…，m）。

2．单位面积草原生态价值

计算公式如下：

$$V_U = \frac{V_G}{A_G} \tag{6-25}$$

式中：V_U 为评估区域的单位面积草原生态价值量[元/（公顷·年）]；V_G 为评估区域的草原生态总价值量（元/年）；A_G 为评估区域的草原面积（公顷）。

3．草原生态价值变化评估

利用评估时段（一年或多年平均）草原生态单项价值或总价值，与本底时段（3年以上的年平均）草原生态单项价值或总价值的差值和变化率对草原生态价值的变化状况进行评估。

评估区域评估时段草原生态价值变化量计算公式如下：

$$CV_G = V_G - V_D \tag{6-26}$$

评估区域评估时段草原生态价值变化率计算公式如下：

$$CV_r = \frac{V_G - V_D}{V_D} \times 100\% \qquad (6\text{-}27)$$

式中：CV_G 为评估区域评估时段草原生态价值变化量（元），负值表示价值量减少，正值表示价值量增加；CV_r 为评估区域评估时段草原生态价值变化率（%）；V_G 为评估时段草原生态单项价值或总价值（元）；V_D 为本底时段草原生态单项价值或总价值（元）。

4. 草原生态价值指数

评估区域内，将评估时段草原生态价值最高的核算单元或栅格像元值作为对照，通过其他核算单元或栅格像元的草原生态价值与该对照值的比值，草原生态价值指数（GEVI）计算公式如下：

$$GEVI = \frac{V_A}{V_B} \qquad (6\text{-}28)$$

式中：V_A 为核算单元或栅格像元的草原生态价值（元/年）；V_B 为评估区域评估年草原生态价值最高值（元/年）。

利用 GEVI 评估区域的草原生态价值，GEVI 值域范围 0~1，GEVI 越大，草原生态价值越高；反之则越低。

5. 草原征占用补偿核算

计算公式如下：

$$V_{GR} = p_{GR} \times A_{GR} \times \beta \qquad (6\text{-}29)$$

式中：V_{GR} 为草原征占用补偿费（元/年）；p_{GR} 为征占用草原的单位面积生态价值 [元/（公顷·年）]；A_{GR} 为草原征占用面积（公顷）；β 为草原征占用补偿调整系数，该系数根据征占用所在区域以及征占用途进行设置。

第七章
草原应急监测

第一节　应急监测内容

　　草原应急监测是根据草原管理实际需要，针对某一应急突出事件开展的应急性、临时性、区域性监测。根据事件发生特征、区域、时间，收集整理草原监测相关资料，应用卫星遥感、无人机、地面感知网络等先进技术手段（图 7-1），结合地面调查与入户走访，整合各类公共基础数据与地面调查数据，对草原应急事件所涉及的区域进行详细调查监测，重点了解掌握特定区域草地变化情况，为某一具体工作提供数据图件信息支撑，对监测结果进行汇总分析与专

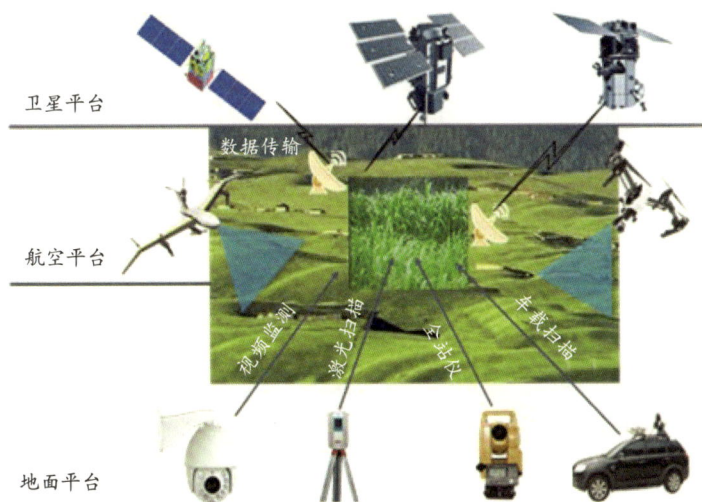

图 7-1　应急监测主要技术手段

题制图，及时开展案情调查，客观、准确地形成调查报告和处置意见，提高涉草突发事件防范和及时处置能力，满足行政管理的多方面需求。主要包括以下几方面。

（1）领导指示批示。国家及地方各级领导针对涉嫌违法违规破坏草原事件的指示批示，按时限要求开展监测，编写报告、提供图件表格等材料。

（2）中央生态环保督查涉草案件。在中央例行开展的生态环保督查中发现的涉草违法违规案件，配合督查开展草原违法违规监测，提供相关数据资料。

（3）媒体曝光涉草案件。广播、电视、网络、报纸等媒体日常曝光涉草案件，通过开展有针对性的监测，回应社会关切、平息舆论舆情。

（4）重大灾情。草原鼠虫病害的宜生区、预警区及危害面积；旱灾的旱情等级，不同等级的旱情面积；火灾火点位置、火点大小、火点性质、火区范围及过火区面积；雪灾积雪范围、积雪深度及雪水当量。

多年来，国家开展了多项草原应急监测工作。例如，针对草原地区矿藏开发大面积破坏草原生态的情况，国家开展了矿藏开采破坏草原生态遥感监测，先后对内蒙古和甘肃的一些草原地区开展了专项监测，掌握草原开矿的区域、面积时空变化情况和草原植被破坏情况，监测结果为草原执法监督提供重要技术资料和证据。同时还开展了风电、光伏发电建设对草原占用和破坏遥感监测，利用国产高分辨率卫星数据，对甘肃一些地区风电、光伏发电工程占用破坏草原情况进行了遥感监测，核实了工程占用草原面积，对工程区草原植被和生态破坏情况做出了科学评估。

2018年国家机构改革以来，我国持续加强违法违规破坏草原、环保督查涉草案件、毁草开垦种地等监测，开展了打击破坏草原专项行动，查处多起违法破坏草原资源案件。2022年，国家林业和草原局通报了2018年以来查处的16起严重破坏草原资源案件，对违法违规破坏草原行为产生很大威慑，营造依法依规用草、爱草的良好社会氛围。

第二节　应急监测方法

遥感判读、现地核实、加大违法处置是开展草原应急监测的有效方法，可以实现对草原应急事件精确监测和实时监管。

一、遥感判读

根据任务需要，国家林业和草原局各直属规划院在国家草原数字化综合管理系统对应急事件发生区域开展两期或多期遥感影像判读，判读区划工程建设占用、勘查采矿、开垦耕地等占用草地范围、统计面积大小、判断时间节点等，提取位置、草地类型、植被盖度、生态区位名称等信息因子。占用草原类型如图 7-2 至图 7-4 所示。

图 7-2　开采矿藏、开垦占用草地

图 7-3　公路、铁路建设占用草地

图 7-4　风电、光伏项目占用草地

二、图斑核实

以年度判读变化图斑为基础，结合草原资源管理档案等资料进行全面内业检查，开展外业现地核实，核实使用草原性质（图 7-5），全面掌握草原征占用管理情况、开垦草原、非法破坏草原植被以及其他破坏草原等各种违法违规行为。

对于建设项目征占用草原、开垦草原、土地整理、其他人为活动破坏草原以及自然因素引起的草原变化情况等草原变化图斑，进行详细调查核实。

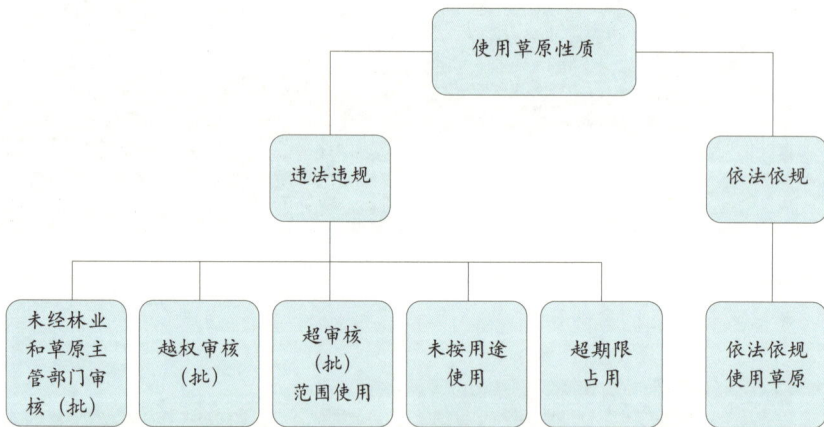

图 7-5　使用草原性质

（一）建设项目征占用草原

建设项目征占用草原，包括立项（核准、备案）文件、审核审批机关、审核审批同意文号，以及经审核审批同意的面积、项目动工时间、实际征占用草原面积等情况；违法违规占用草原，包括未经审核审批同意、越权审核审批、超审核审批面积使用、未按用途征占用、超期限占用等违法占用草原面积、责任单位或责任人等情况；征占用退牧还草、京津风沙源治理、退耕还林（草）等各类工程项目面积；征占用基本草原、各级各类自然保护地、生态保护红线内草原面积；对违法违规占用草原查处、整改、追责情况。

（二）开垦草原

查清是否存在开垦草原情况，包括种植粮食和经济作物、毁草种树以及不符合草原保护建设利用规划种植牧草和饲料作物等。重点检查开垦草原面积、起源、类型等，以及基本草原、各级各类自然保护地、生态保护红线范围内开垦草原的情况。

（三）土地整理

针对涉及占用草原的土地整理项目，查清项目审核审批单位、审核审批文件，土地整理面积、占用草原类型等情况，重点查清基本草原、各级各类自然保护地及生态保护红线范围内土地整理情况。

（四）其他人为活动破坏草原

查清是否存在乱采滥挖野生植物或者从事破坏草原植被的其他人为活动情况。包括在荒漠、半荒漠和严重退化、沙化、盐碱化、石漠化、水土流失的草原，以及生态脆弱区的草原上采挖植物或者从事破坏草原植被的其他活动；未经批准在草原上开展经营性旅游活动，破坏草原植被；以及非抢险救灾和牧民搬迁的机动车辆离开道路在草原上行驶，或者从事地质勘探、科学考察等活动，未事先向所在地县级人民政府草原行政主管部门报告或者未按照报告的行驶区域和行驶路线在草原上行驶，破坏草原植被等情况。

三、现地调查

通过现地调查，采集重要一手数据资料，详细掌握图斑情况，主要包括以下内容。

（一）测量面积

现地核实项目动工时间、地点、范围、面积，重点查清未经审核审批、超审核审批、未按用途使用、超审批期限占用等违法违规改变草原用途面积。

（二）确认权属

根据实际情况，通过走访问询、查阅相关资料，查清草原所有权、草原使用权和草原承包经营权。

（三）确认地类

根据实际情况，通过地面调查资料，确认地类，包括天然牧草地、人工牧草地和其他草地。

（四）确认草原类型

结合已有资料，参考现地相邻草原现状，确认草原类、草原型。

（五）拍摄照片

现地拍摄典型照片，保证照片的清晰度和代表性，能够真实反映现地情况。

（六）填写记录

现地定位并记录相关属性因子，按现状勾绘变化图斑边界，填写草原变化图斑现地验证核实表。

四、补充调查

在外业调查核实过程中，如发现超出变化图斑范围的草原变化情况，应开展图斑核实补充调查，建设项目征占用草原、开垦草原、土地整理等情况以外业调查时止实际发生的范围为准，并根据实际情况补充勾绘图斑，填写相关属性因子。

五、问题处置

建立违法破坏草原案件台账管理和查处销号制度，实行案件查处情况动态管理。各地对违反草原法律法规的行为，应当依法依规查处，综合运用通报、约谈、曝光等手段推动全面整改，并将处置结果逐级上报。各派出机构对违法破坏草原案件进行适时督导督办。

六、典型破坏草原项目说明

项目名称：*** 项目（图斑号），** 土地整理项目。

摘要：该项目自 **** 年 ** 月以来，未办理使用草原审核审批手续（或超审核审批面积、超审核审批期限、未按用途使用等），在 ** 县非法使用 ** 草原 *** 公顷。

（1）项目概况。包括项目立项情况或有关背景情况。建设地点，建设用途、临时用地类别等（如属于农牧民自建基本生产生活房舍、乡村道路、高尔夫球场、别墅和豪华墓地等项目，要明确说明）。

（2）项目现状。包括项目动工时间、进展情况、督查时项目现状。

（3）违法违规破坏草原情况。①使用草原性质及审核（批）情况。一是说明项目使用草原性质；二是说明项目使用草原审核（批）情况，包括审核（批）机关、经审核（批）同意时间、审核（批）文号、经审核（批）同意面积、临时占用草原审批期限等。②违法违规破坏草原面积。包括违法总面积以及各变化时段违法面积。详细叙述违法违规改变草原用途面积、起源、草原类、草原型等；说明涉及各级各类自然保护地具体名称、级别、类型、功能区、面积等；草原有关认定依据(如草原证,** 年国土年度变更调查成果、草原基况监测数据、草原年度动态监测数据、实施工程资料、其他相关资料等)。

（4）涉及的图斑号及有关证明材料。

（5）其他需要说明的情况。

（6）照片。每个违法违规破坏草原情况，至少附一张现地照片或者佐证资料照片，用 word 自带的压缩工具进行压缩，文字环绕格式采用"四周型环绕"，图片大小一般为 10 厘米 ×7 厘米，图题用文本框编辑，放于图片下方。

第八章
草原数据采集与处理系统

第一节　基况监测数据采集与处理

草原基况监测数据采集与处理软件包括桌面端软件和移动端软件。

一、桌面端操作

（一）软件安装

1. 硬件配置

硬件配置见表 8-1。

表 8-1　硬件配置

类型	说明
CPU 配置	推荐 Intel core i5 以上
内存	不小于 2GB，推荐 4GB 以上
显示屏分辨率	最低支持分辨率 1024×768
显示存储	不小于 1GB
磁盘	1G 或以上
存储空间	根据具体数据量要求，不小于 10G

2. 软件配置

Windows 7（32 位或 64 位 +SP1）以上旗舰版。

Microsoft Office 2007/2010 ；

Microsoft .NET Framework4.0。

（二）软件注册

在电脑桌面双击软件运行图标，弹出系统启动界面，第一次启动系统需要进行注册，在电脑桌面双击软件运行图标，弹出注册界面。软件提供两种注册方式：一种是机器码文件和注册文件方式；另一种方式是机器码和注册码方式。

1．机器码文件和注册文件

使用"另存机器码"按钮将机器码文件(UID 为后缀的文件)存储，发给相关客服人员并获取注册文件（以 .lic 为后缀的文件）；使用选择文件按钮选择获取的注册文件，点击【注册】，进行注册。

2．机器码和注册码

将机器码发给相关客服人员并获取注册码，将注册码输入注册码文本框，点击【注册】按钮进行注册。

上述两种注册方式，点击"注册"按钮后，系统会弹出"系统注册完成，请重新启动应用程序以验证许可"的提示，点击【确定】按钮，关闭提示。

3．系统主界面

系统启动后，进入主界面，包括【常用功能】【工程数据管理】【数据编辑】【成果维护】，如图 8-1 所示。

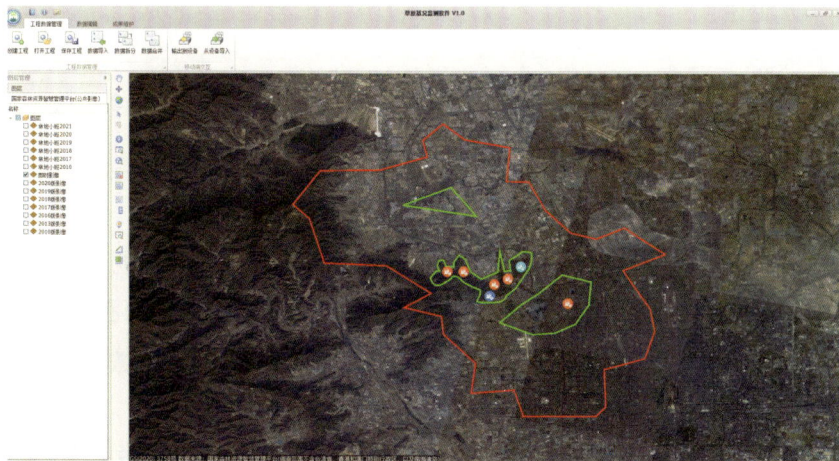

图 8-1　主界面

（三）业务流程

1. 工程管理

功能说明：对工程进行管理维护。进行基况监测调查作业，必须在【基况监测】模块进行工程的创建。

操作说明：点击【新建工程】，填写工程名称，选择坐标系统为CGCS_2000, 并选择工程保存的路径，点击【新建工程】。工程即被创建。

打开工程：即打开已经被保存的基况监测的工程。

保存工程：即保存工程中的数据。

2. 数据导入

功能说明：导入县界、天然草原样地数据、人工草地样地数据、草原小班数据。

操作步骤：点击【数据导入】，选择需要导入的图层，选择其shp数据。点击【导入】即可。

3. 数据拆分

功能说明：可以按照乡、村拆分成多个工程，也可以拆分成一个工程。

操作步骤：选择政区→选择拆分方式→选择工程保存路径→命名工程名称→点击确定，开始拆分。

4. 数据合并

功能说明：可以按照下级政区的多个工程，合并成一个上级政区工程。

操作步骤：命名工程名称→选择工程保存路径→选择文件夹或者文件→点击合并。

5. 输出到设备

功能说明：从桌面端下发外业调查数据，拷贝到移动端到野外进行外业调查。本系统提供了无线传输和本地文件导出两种方式。

本地文件导出操作步骤：点击【输出到设备】，弹出数据下发保存对话框，选择项目进行数据下发。

无限传输操作步骤：点击【输出到设备】，弹出数据下发保存

对话框，填写任务名称，选择下发数据，无限传输；打开移动端
APP—我的—扫一扫功能扫描二维码进行下载。

移动端操作：第一步，将数据拷贝到工作目录—【数据】文件
夹下；第二步，打开移动端 APP—【工程管理】，选择对应的项目，
在外业进行调查即可；第三步：外业调查完成后，将工作目录—【数
据】文件夹下的项目数据拷贝到电脑中。

6．从设备导入

功能说明：将外业采集作业数据进行回传。回传的数据必须是
外业中生成的增量数据包。

操作说明：第一步，单击【从设备导入】，弹出数据上传对话框；
第二步，选择回传方式。从本地目录上传，需要先将移动端生成的
增量包拷贝到桌面端，然后选择增量包，单击"开始上传"进行选
择上传；无线传输，是单击"开始上传"，生成二维码，移动端用"我
的—扫一扫"，扫码后即可实现数据的增量自动生成和上传。

从设备导入完成后，会将附件上传到系统安装路径下的附件文
件夹中。

（四）系统常用功能

图层管理模块具有图层管理、添加数据、移除图层、移除所有
图层、登录国家森林资源智慧管理平台、显示 / 隐藏图层、折叠 / 展
开图层、图层选择控制、图层标注控制、图层编辑控制、图层顺序
移动、缩放到图层、图层属性管理、标注与符号系统设置、渲染、
地图属性设置、裁切、属性表操作、闪烁显示、缩放到当前要素、
缩放到选择集、添加 / 移除、清空选择集、删除记录、全部选择 / 取
消选择、切换选择、属性查询、隐藏 / 显示字段、显示字段别名、
删除选中记录、导出 Excel、升 / 降序排序、筛选、取消筛选 / 清除
所有筛选、冻结 / 解冻列、属性值运算、统计字段、图形计算等功
能。

地图工具栏具有漫游、缩放、全图、选择要素、清除、I 键查询、
条件查询、空间查询、选择 / 取消屏蔽、一键透明、卷帘、坐标定
位、图幅定位、线测量、面测量等功能。

图形编辑功能包括设置当前编辑图层、撤销（Ctrl+Z）、重做（Ctrl+X）、选择要素、移动要素、删除要素（Delete）、移动标注、修改标注、创建要素（A）、复制到（Ctrl+V）、编辑右键菜单、节点编辑（S）、节点列表、线分割（D）、面分割（F）、选中分割（Ctrl+F）、面更新（E）、选中更新（Ctrl+E）、合并（Z）、边界修改（R）、编辑设置等。

属性编辑功能包括属性录入与属性复制。

（五）数据质检

数据检查是根据定义的质检规则对数据进行检查，把不符合规则的数据检查出来，用户可以定位到错误数据位置，对错误数据进行单个编辑或批量处理，最终形成正确的数据。

草原基况监测数据质检包括属性检查和图形检查两部分内容。

属性检查是对各项属性信息进行检查（包括唯一值检查、关键字检查、字典域检查、逻辑关系检查、必填项检查和不填项检查）。在质检对话框方案中选择"属性检查"，弹出属性检查窗口。

1. 属性检查

选择质检项，单击"开始检查"按钮，进行检查，检查完成后给出提示。检查后，显示错误记录数；勾选"显示未通过项"，只显示有错误记录数的质检项；勾选"显示详细"，页面列出错误的记录和详细描述。

2. 质检报告输出

单击"质检报告输出"，可以将检查结果导出为 Excel 格式。

3. 错误记录输出

单击"详细输出"，可将选中质检项的错误记录信息输出为 Excel 格式。

4. 显示未通过项

勾上显示未通过项，只显示检查未通过的质检项。

5. 图形定位

双击错误记录，即可定位到属性错误的图斑。

6. 属性修改

选中错误记录的修改字段，右键选择"属性值计算"，可以对属性值进行单个或批量修改，具体操作可参考属性表操作中的属性值计算。

空间检查是对草原小班不能重叠进行检查。在质检对话框方案中选择"空间检查"，弹出属性检查窗口。

7. 属性检查

选择质检项，单击"开始检查"按钮，进行检查，检查完成后给出提示。检查后，显示错误记录数；勾选"显示未通过项"，只显示有错误记录数的质检项；勾选"显示详细"，页面列出错误的记录和详细描述。

（六）统计报表

根据选择的报表进行统计，还可以进行报表打印和 Excel 输出等。

第一步：单击【报表统计】，弹出报表统计窗体。

第二步：选择统计报表。单击报表下拉框，选择要统计的报表。

第三步：条件过滤。单击"条件过滤"，弹出设置过滤条件窗口，进行过滤条件的设置。

第四步：统计报表。单击"统计报表"，对选择的报表进行统计。

第五步：显示报表。单击"显示报表"，显示统计报表数据。

第六步：报表导出或打印。单击"导出 Excel 文档"，可把当前统计的报表导出 Excel 文件；单击"批量导出"，可将显示的报表批量导出 Excel 文件；单击"打印报表"，可以对当前报表进行打印；单击"批量报表"，可以对显示的报表进行批量打印。

二、移动端操作

（一）系统安装

1. 安装环境

（1）在安卓设备与电脑同步数据的时候，可以使用应用宝、360

手机助手、华为手机助手或者豌豆荚软件进行数据拷贝。其中，强烈建议使用应用宝，禁止在把数据线插上后直接使用 Windows 的资源管理器直接拷贝文件（Windows 的 MTP 模式有缓存机制，刷新很慢，经常导致拷贝出错）。

（2）有些设备由于安卓特殊的系统性质，以媒体设备方式连接电脑时不能及时看到设备上生成的文件，此时需要安装 SD 卡扫描软件。另一种方式：部分设备以 USB 连接方式，使用此方式连接，可以看到文件，硬件环境见表 8-2。

表 8-2　硬件环境

类型	说明
操作系统	Android 4.4 以上
设备类型	平板、手机
CPU	1G 双核或以上
运行内存	1G 或以上
存储空间	内置存储 8G 或以上，扩展存储支持 32G
网络支持	平板：WIFI，手机 WIFI 和 3G/4G
拍照能力	以外业照片像素为标准
GPS 支持	支持
触控方式	电容或者电阻屏，支持细头手写笔
电池续航	平板可配备外置电源；手机可配备用电池，或者外置电源

2. 安装步骤

第一步，开启安卓设备设置开发人员选项中的 USB 调试，为了设备连接电脑时可以被电脑识别。

第二步，将安卓设备连接电脑，将安装包拷贝到安卓设备中。

第三步，在设备上找到安装包，进行安装。安装完成后，在设备的应用程序面板上可以看到软件的快捷方式。

3. 系统主界面

第一次打开系统，会出现软件自动备份提示。系统为了保障数据安全，启用自动备份功能。系统启动后，主界面如图 8-2 所示。

地图主界面分为上、下、左、右及主视图区域。主界面最上方为 GNSS 相关功能，包括当前定位点坐标信息和 GPS 相关参数查看，以及指北针。地图主窗口左侧是采集工具、定位工具和比例尺缩放工具。地图主窗口右侧为地图缩放、选择工具功能。界面最大的区域则是用来展示地图使用的。界面右上角是功能菜单和快捷图层操作功能。点击左上角 GPS 信息可以对实时信息显示进行设置，勾选后可以在系统界面左上角进行显示。

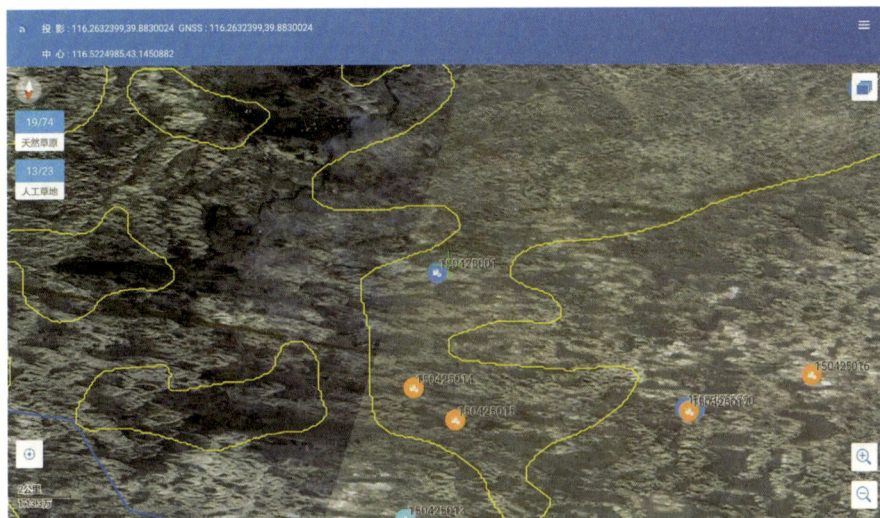

图 8-2　启动界面

（二）与桌面端数据交互

移动端软件可通过离线数据传输、在线数据传输两种方式与桌面端进行交互。

1. 离线数据传输

（1）工程数据直接拷贝。可通过应用宝、360 手机助手或者豌豆荚软件的导入、导出功能，直接进行移动端设备和电脑之间数据的传输，供移动端和电脑使用。

（2）操作步骤。

①桌面端工程数据拷贝到移动端：第一步，将桌面端工程数据文件夹直接导入到安卓设备软件安装路径下的"数据"文件夹下，数据传输可以使用应用宝、360 手机助手或者豌豆荚软件进行数据拷贝。其中，强烈建议使用应用宝，使用数据导入功能。第二步，点击右上角菜单 ▤ 中的【工程管理】，直接打开拷贝的工程文件，

即可使用。

②移动端调查完成的工程数据直接拷贝到桌面端：第一步，移动端对数据进行图、属编辑、拍照等操作。第二步，通过应用宝等软件，将工程数据拷贝到桌面端直接使用。注：禁止在把数据线插上后直接使用 Windows 的资源管理器直接拷贝文件（Windows 的MTP 模式有缓存机制，刷新很慢，经常导致拷贝出错）。

（3）数据下发、上传。通过桌面端的数据下发、移动端的生成增量、桌面端数据上传功能进行移动端和桌面端间的数据交互。

①数据下发操作步骤：第一步，使用桌面端的【外业】—【输出到设备】—【数据下发】，生成下发数据的工程文件。第二步，将下发工程数据文件夹，通过应用宝等软件直接导入到软件目录的数据文件夹下（\MAPZONE 移动 GIS\ 数据），移动端可直接打开下发工程数据使用。

②数据上传操作步骤：第一步，点击右上角菜单 ▤ 中的【工程属性】按钮，在弹出的工程属性窗口中选择生成增量，生成的增量文件夹存储在（\MAPZONE 移动 GIS\ 增量）下。第二步，将移动端生成的待上传增量包工程数据文件夹，通过应用宝等软件拷贝到电脑。第三步，在桌面端使用【从设备导入】将工程数据上传到桌面端系统使用。

2．在线数据传输

通过无线传输功能，桌面端与移动端在同一网段内，桌面端开始下发后，移动端扫码即可完成数据下发操作，同时移动端通过扫码可完成数据上传操作。

（1）数据下发操作步骤：第一步，桌面端，点击【外业】—【输出到设备】—【数据下发】，下发模式选择无线传输，点击【开始下发】，桌面端下发完成，页面右下角会生成二维码。第二步，移动端，【我的】—【扫一扫】，扫描桌面端生成的二维码，开始下载下发数据，下载完成后弹出"下发完成"对话框。下载完成后在工程管理中可找到已扫描下载的工程，可打开进行操作。

（2）数据上传操作步骤：第一步，桌面端，点击【外业】—【从设备导入】—【开始上传】，生成二维码。第二步，移动端，点击【我的】—

【扫一扫】，扫描二维码，数据开始上传，上传完成会弹出【上传完成】对话框。下发的数据修改了数据结构后，上传时，修改的结构不会上传。即增加的字段、修改字段的属性、修改字典等都不会被上传。

（三）工程管理

通过右上角 ■ 菜单按钮，打开工程管理界面。桌面端下发的工程数据可以通过华为手机助手等工具导入到"基况监测 APP/ 数据"文件夹中，然后启动系统即可在地图中看到导入的工程数据，如图 8-3 所示。

图 8-3 任务属性

工程属性用于显示工程位置、坐标系及图层相关信息和图层的相关操作等。

工程属性窗口下方显示工程的基本信息及图层的基本信息。

1. 生成增量

当数据进行更新后，可生成增量包与桌面端形成数据回传过程。

增量可以生成多次，在桌面端上传时需要按照增量包名称大小顺序逐个上传，以保证编辑数据不丢失。华为手机助手等工具拷贝到桌面端，通过桌面端工具进行上传，可将移动端编辑数据回传到桌面端工程数据中。

2. 数据备份

可对工程、数据及附件进行备份，防止数据因为外部因素被损坏或丢失。该功能为手动备份，系统还提供自动备份功能（需要在【我的】—【设置】中开启自动备份），当数据有更新时，系统自动进行备份，默认保存最后 50 次备份数据。

将备份数据导出到桌面后，修改 .back 为 .zip，然后解压后即可得到备份的工程文件夹（备份内容没有自定义的表单，如果表单也丢失，需要从其他工程中将工程目录下表单文件夹复制过来）。

（四）图层管理

地图数据包括矢量数据和底图。可以对图层是否可见、是否可选择、是否可编辑、是否显示标注及图层属性进行设置。

1. 底图管理

点击图层名称进入图层属性，可以查看该图层的详细属性信息，包括存储位置、图层的坐标系统、记录数、数据范围、显示比例和透明度的设置，

点击图层属性显示比例后方的设置按钮，选择要设置的显示比例尺范围即可，或者手动在比例尺位置输入要设置的值。在图层属性页面中，可以查看某一图层的字段信息，包括字段名称、类型、长度和是否挂接字典。

2. 标注

在图层属性页面中，可设置图层标注显示。

3. 分类符号

在图层属性页面中，可设置图层渲染显示方式。

（五）属性因子录入

1．小班属性录入

选中一个草原小班，点击【属性】，进行属性信息填写，自动获取草原小班的海拔值，拍照，对小班进行数据检查，小班属性界面如图 8-4 所示。

图 8-4　天然草原样地属性录入界面

2．人工草地样地属性

选中人工草地样地，点击【属性】，进行属性信息填写，对人工草地样地进行数据检查。

3．天然草原样地属性

选中天然草原样地，点击【属性】，进行属性信息填写，填写子表和所属植物表信息，对天然草地样地进行数据检查。

（六）图形编辑

主要功能是对图形编辑进行基本设置。

1．创建图形

创建图形要素，包括点、线、面要素。操作步骤：

第一步，点击主界面左侧【采集】⚒️，弹出采集工具条。

第二步，右上角选择要采集的要素图层。

第三步，选择图层之后在地图中进行创建要素，创建方式包括手绘、轨迹等，针对手绘或轨迹采集提供了 GNSS 落点和中心落点方式，右上角显示当前编辑图层名称。

2．手绘

点击手绘方式之后，触笔或者手指不离开屏幕，在地图空白区域绘制图形，平滑地在屏幕上绘出需要采集的线（手绘也可以执行折线的效果，即抬笔绘制），绘制完成后点击【完成】按钮，点击【放弃】按钮放弃当前操作，

3．轨迹

该绘制方式是根据设置的最小时间间隔或最小距离间隔使用 GNSS 定位根据行走轨迹进行自动落点绘制图形。绘制完成后点击【完成】按钮完成绘制，点击【放弃】按钮放弃当前操作。

4．GNSS

使用手绘或轨迹采集时都可使用 GNSS 来落点到当前位置。该绘制方式是通过 GPS 定位在当前位置落一个点，点击一次只落一个点，可根据当前位置的变化多次使用 GNSS 落点完成采集。

5．中心

使用手绘或轨迹采集时都可使用中心点来通过中心十字定位方式进行落点。移动地图，使需要绘制的位置落在中心十字位置，如果勾选了捕捉功能，则移动地图时，十字图标变为方块时，表示已经捕捉到节点，此时单击 ⚬ 中心采集，可自动捕捉到节点。绘制完成后点击【完成】按钮完成绘制，点击【放弃】按钮放弃当前操作。

6．输入坐标落点

使用手绘或轨迹采集时都可使用输入坐标落点到目标位置。该绘制方式是通过输入坐标定位十字丝到坐标位置落一个点，输入一个坐标只落一个点，可根据提供的坐标完成落点采集。点击【输入】，弹出输入坐标落点界面，输入坐标（支持经纬度坐标、平面坐标），点击【定位】，点击【落点】，图形进行绘制。

7．分割

对面要素和线要素进行线分割。

8．合并

对两个或多个相邻的图形要素进行合并。

9．修边

修边一般使用在边界变化比较明显的地块。使用修边可以将相邻地块之间保持面积平差，不产生细缝或细碎面。

10．删除

删除要素步骤如下：

第一步，使用选择功能选中需要删除的一个或多个图形。

第二步，点击右下角【删除】，系统弹出一个选择图形的对话框。

11．平移

使用触笔或手指轻触屏幕，然后拖动地图到不同地方，以达到浏览地图的目的。使用双指进行放大、缩小。在平移状态下随时使用双指进行缩放即可。

（七）查　询

对当前打开工程的图层数据进行条件查询。

第一步，点击右上角的菜单，点击【查询】进入条件查询界面。

第二步，点击左上角 ，选择需要查询的表。或者点击【设置】进到界面，选择需要查询的表和字段。

第三步，选择需要查询的字段，在框中打√，点击【确定】。

第四步，设置好查询条件后，点击【查询】按钮进行查询即可显示满足条件的查询结果，说明点击左下角的"查询结果显示字段"弹出查询显示字段设置界面，可设置显示字段，同图层【高级设置】中的查询显示字段设置功能。

第五步，点击每一条数据可定位到记录位置并选中记录。

第二节 年度监测数据采集与处理

一、移动端操作

草原年度监测使用综合监测草原样地调查平台和 APP 开展，与国家森林资源智慧管理平台使用统一的账户管理平台，可使用和共享平台内部开放的数据资源。针对野外工作开展，APP 可根据账号的地区权限，提供人工草地样地/天然草原样地、全国草地资源小班、县界的在线下载，下载后可离线外业工作，实现影像加载、定位导航、现地调查、人工草地样地/天然草原样地采集、调查属性填写和数据检查等功能。在调查过程中，数据实时保存，调查完成后，可通过数据上传或同步的方式更新数据库中的样地数据。

（一）系统安装

1．安装环境

安装硬件环境说明见表 8-3。

表 8-3　硬件环境说明

类型	说明
操作系统	Android 5.0 以上
设备类型	平板、手机
CPU	1G 双核或以上
运行内存	1G 或以上
存储空间	内置存储 8G 或以上，扩展存储支持 32G
网络支持	平板：WIFI，手机 WIFI 和 3G
拍照能力	以外业照片像素为标准
GPS 支持	支持
触控方式	电容或者电阻屏，支持细头手写笔
电池续航	平板可配备外置电源。手机可配备用电池，或者外置电源

2．软件安装

软件可以通过从"平台"扫码下载安装，从手机 QQ 接收安装包，拷贝 apk 安装包到手机或平板上安装。

3. 系统登录

首次启动软件，系统自动进入登录界面，输入用户名、密码即可登录系统；

登录完成后，页面展示出 7 种任务方案。

（二）操作流程

操作流程如图 8-5 所示。

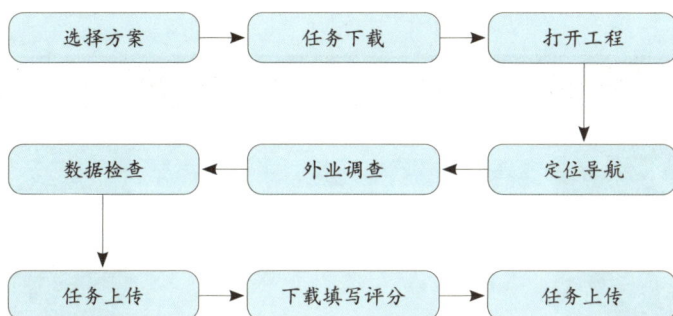

图 8-5　操作流程

（三）选择方案

展示使用过的全部工程任务，点击可进入，选择方案如图 8-6 所示。

图 8-6　选择方案

（四）任务下载

选择方案，点击【下载数据】；选择需要下载数据的地区，点击【开始下载】。

此处可选择的地区列表是根据登录账号所拥有的地区权限过滤的。当提示下载完成时，关闭对话框，自动打开进入工程。在进行数据下载的过程中，请勿进行其他操作，等待数据下载完成。项目默认按县区级别下载，数据下载如图 8-7 至图 8-9 所示。

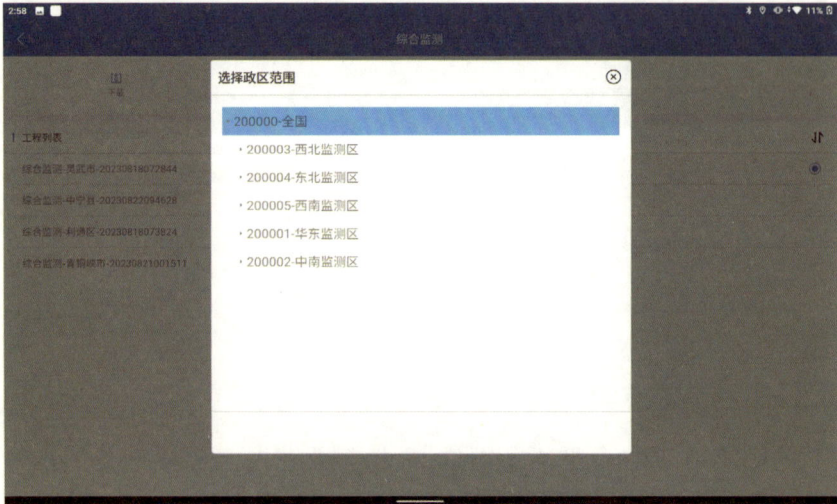

图 8-7　数据下载

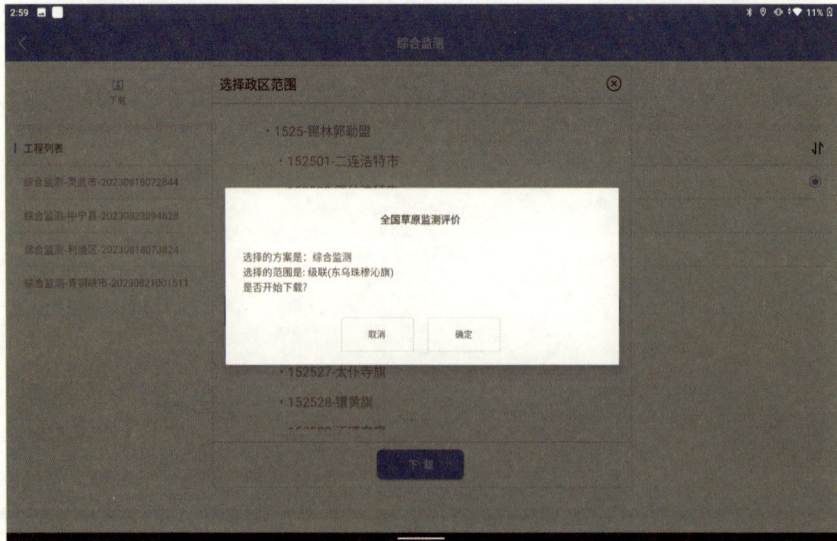

图 8-8　选择地区下载

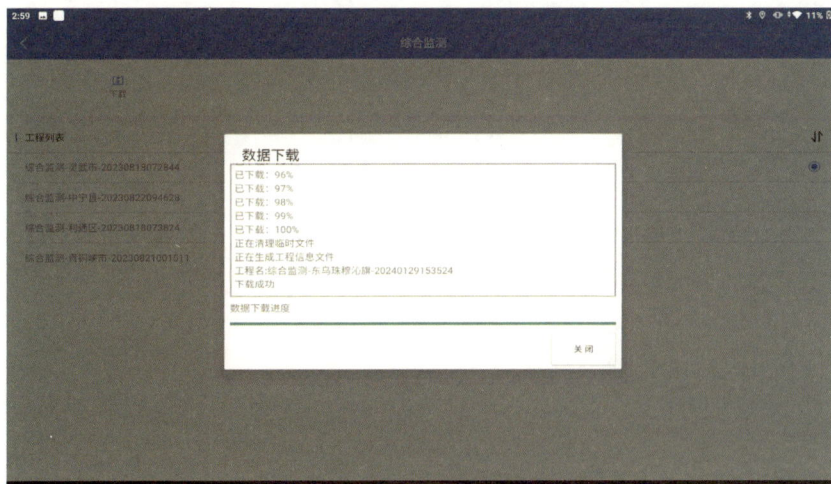

图 8-9　下载完成提示

（五）数据导航

选择一个草原样地点，点击编辑栏中【导航】按钮，打开导航设置界面，如图 8-10 至图 8-11 所示。

图 8-10　设置终点

图 8-11　导航界面

设置起点、终点位置坐标；注意：起点坐标为当前 GNSS 定位位置坐标，无法修改。移动地图，使终点位置落在视图窗口中心十字位置，点击终点的下拉箭头，选择当前中心点，即为终点坐标；点击【开始导航】，在左上角显示实时导航信息，信息会根据位置的变动实时刷新，可导航到样地位置。结束后，点击【结束导航】即可。同时，系统提供了百度导航和高德导航，可导航到样地附近，需要提前安装相应的 App。

（六）外业调查

1. 草原样地

在列表中选择一个样地记录，可将该样地定位到地图窗口中心位置，并弹出工具栏 ；点击 ，打开草原小班点的侧栏属性录入界面，并填写对应的字段值。

将调查状态修改为"已调查"时，会自动进行数据检查；如果有不通过的质检，会弹出数据检查界面；点击未通过的质检，可定位到修改界面，待修改字段录入框红色标识并前置显示，录入字段值后，点击 ，返回到数据检查界面，可进行下一个质检项的定位修改。

当属性记录填写完成后，点击【拍照】，选择类型进行拍照；拍摄完成后，点击【√】进行保存， 为返回重新拍照。

天然草原样地属性录入界面如图 8-12 所示。

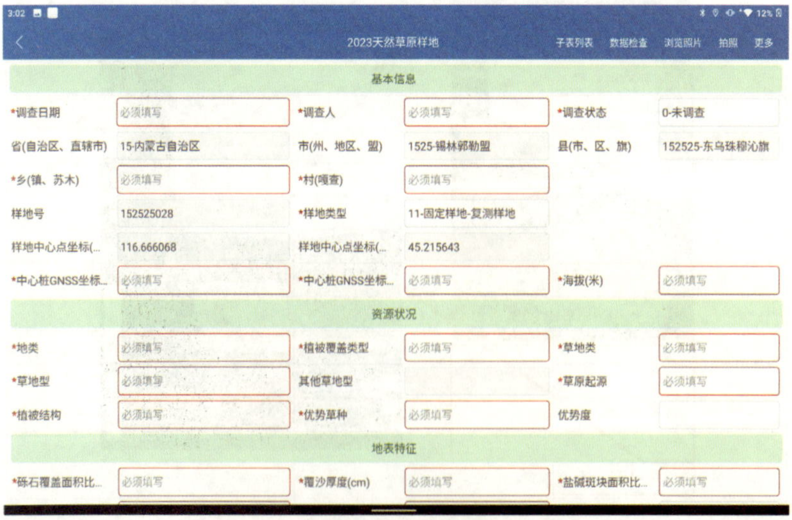

图 8-12 天然草原样地属性录入界面

182

2.样线

打开天然草原样地属性录入界面，点击【子表列表】，选择样线
并进行信息录入；点击【获取坐标】，打开获取坐标对话框，进行坐
标获取，待获取信息稳定后，点击【√】进行保存；点击【拍照】
进行拍摄，样线坐标自动获取如图 8-13 所示。

图 8-13　草原样线坐标自动获取

属性信息录入完成后点击【数据检查】，可以对样线信息进行数
据检查，检查必填字段（带红色 * 字段）是否已填写；如果有不通
过的质检，会弹出数据检查界面，样线数据检查如图 8-14 所示。

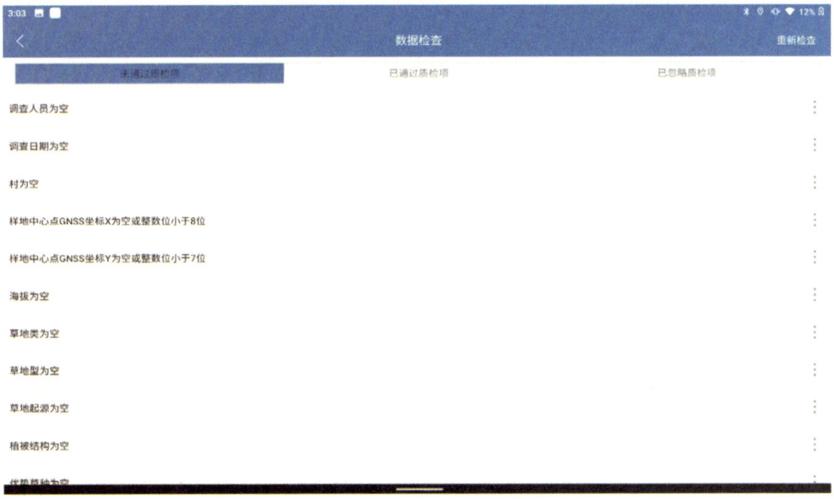

图 8-14　样线数据检查

3．观测小样方

点击观测小样方右下方的【新增】，打开采集工具栏，进行观测小样方的采集，并进行信息录入和拍照。点击 AI 测盖度，弹出拍摄计算盖度照片注意事项，点击确定后进行拍摄。拍摄完成后，点击【√】进行保存，拍摄计算盖度照片注意事项提示如图 8-15 所示。

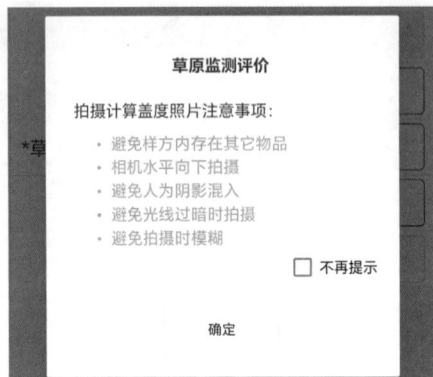

草原监测评价

拍摄计算盖度照片注意事项：

- 避免样方内存在其它物品
- 相机水平向下拍摄
- 避免人为阴影混入
- 避免光线过暗时拍摄
- 避免拍摄时模糊

□ 不再提示

确定

图 8-15　拍摄计算盖度照片注意事项提示

拍照后，点击【计算】，自动计算植被盖度值。点击【回填】，回填至对应字段【总盖度】中。点击观测样方植物调查表右下方的【新增】，打开采集工具栏，进行观测小样方的采集，并进行信息录入、拍照和数据检查。

4．测产小样方

测产小样方信息录入、拍照、质检、植物调查表等功能与观测小样方采集移动端相同，不再进行重复介绍。

5．高大草灌样方

高大草灌样方信息录入、拍照、质检、植物调查表等功能与观测小样方采集移动端相同，不再进行重复介绍。

二、平台操作

（一）系统登录

打开浏览器，输入网址 http://zhgl.stgz.org.cn/cyjcpj/login.do。进入林草综合监测草原监测评价管理系统管理平台网站，输入用户名和用户密码，点击【登录】，进入系统。

（二）操作流程

操作流程如图 8-16 所示。

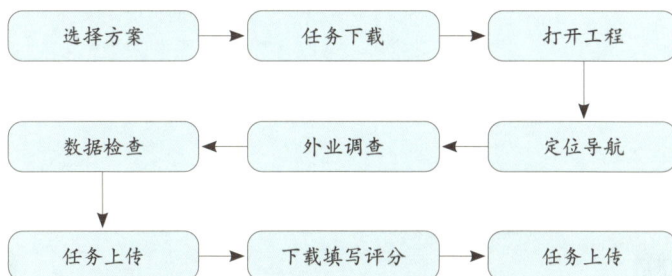

图 8-16　综合监测评价总体流程

（三）数据查看与编辑

1. 样地

选择样地，点击【区划】—【选择对应目标图层】—【属性】，可查看样地点属性信息和外业拍照图片，如图 8-17 至图 8-18 所示。

省、市、县政区字段可自动获取。调查状态默认为未调查状态。当地表侵蚀类型为无侵蚀时，侵蚀程度默认为无侵蚀。当草地型为其他时，其他草地型为可编辑状态。

图 8-17　区划

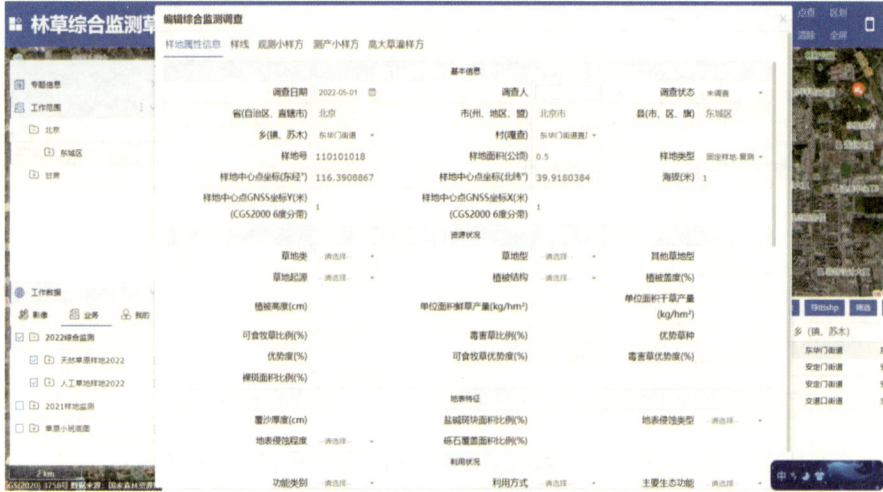

图 8-18　天然草原样地

2．样线

点击【样线】，可增加/查看/编辑/删除此样地对应的样线信息和外业拍照图片。编辑后点击【保存】即可。当植被覆盖为 1 时，对应的连续裸斑默认为 0，如图 8-19 所示。

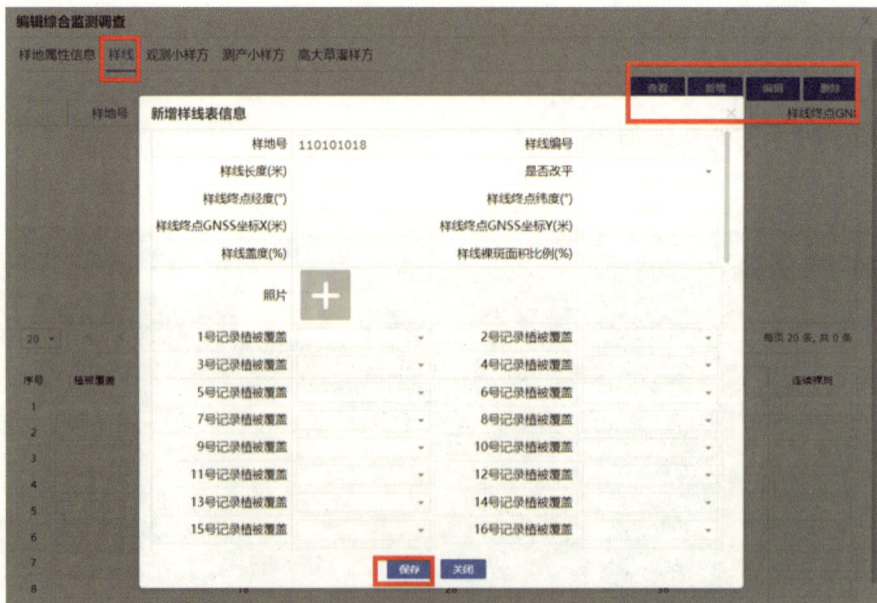

图 8-19　样线属性

3．观测小样方

点击【观测小样方】，可增加/查看/编辑/删除此样地对应的观测小样方信息和外业拍照图片。编辑后点击【保存】即可，如图 8-20 所示。

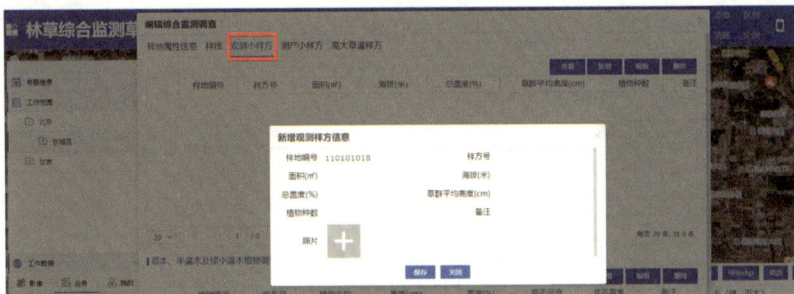

图 8-20　观测小样方

4．观测样方植物调查表

点击【观测样方植物调查表】，可增加/查看/编辑/删除此样地对应的观测样方植物调查表信息和外业拍照图片。编辑后点击【保存】即可。

5．其他

测产小样方、高大草灌样方及其植物调查表查看方式同观测样方。

（四）计　算

填写样地属性信息后点击计算。选择需要进行计算的样地表，点击写入计算值。可对选中的一个或者多个状态为已调查样地进行批量计算，如图 8-21 所示。

（五）质量检查

点击【质检】或勾选保存时质检，对样地进行规范性检查，数据检查结果显示未通过的质检项，可对属性列表中的一个或者多个样地进行质检，并展示批量质检结果，如图 8-22 所示。

（六）样地导出

可将当前属性表内所有的样地以 shp 的压缩包形式导出，如图 8-23 所示。

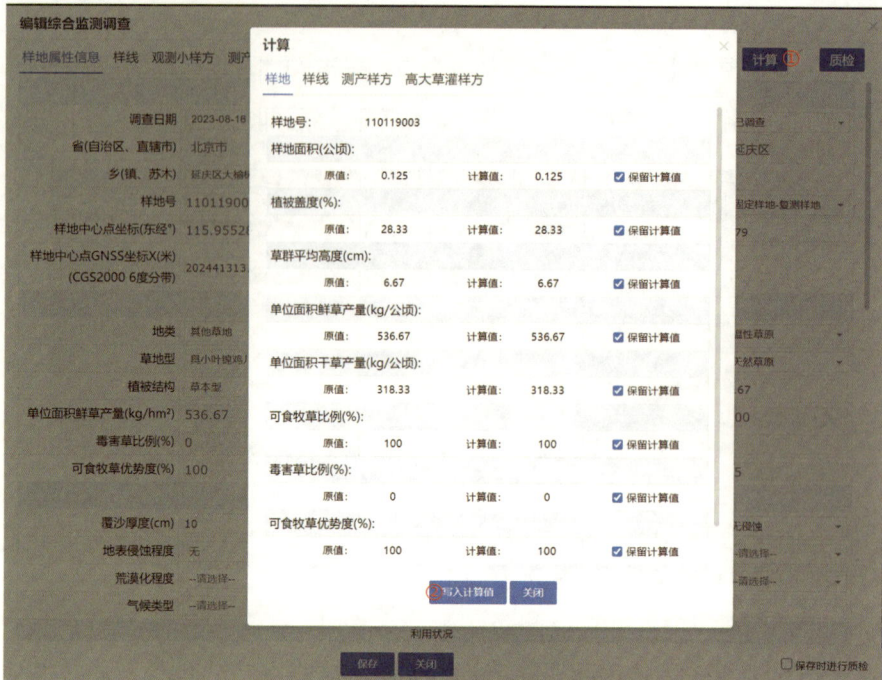

图 8-21　计算

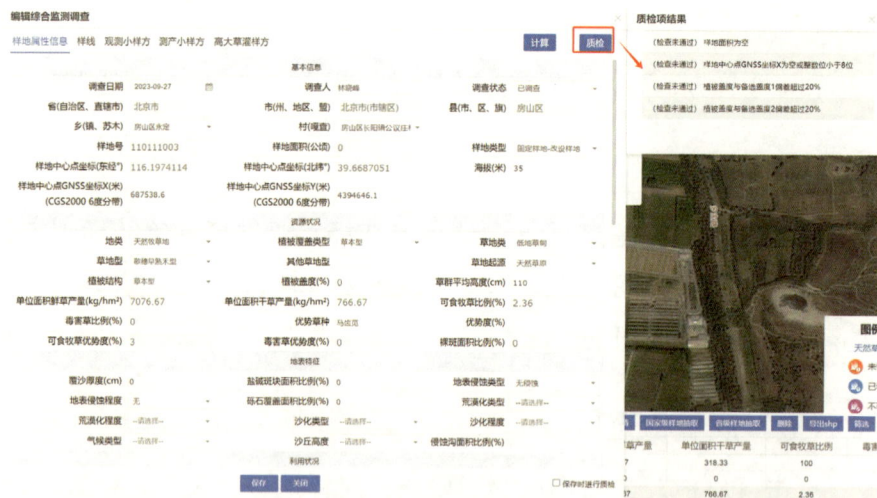

图 8-22　质量检查界面

图 8-23　shp 导出界面

第三节　专项监测数据采集与处理

　　草原专项监测与年度监测为同一个移动端 APP，可采用相同的下载和安装方式。移动端的用户登录、定位导航、影像加载、影像下载、工具箱等功能与年度监测数据采集移动端相同，不再进行重复介绍。草原专项监测与年度监测为同一个数据管理平台，登录用户名、密码相同。

一、返青期监测

（一）移动端操作

1. 操作流程

与草原年度监测操作流程相同。

2. 选择下载方案

打开草原监测外业采集软件，选择返青监测，点击可进入数据下载界面。

3. 任务下载

步骤1：选择方案，点击【下载数据】；

步骤2：选择需要下载数据的地区，点击【开始下载】；

步骤3：当提示下载完成时，关闭对话框，自动打开进入工程。

4. 返青样地调查与检查

返青样地属性录入界面如图 8-24 所示。

步骤1：点击 （"/"前代表已调查的记录数，"/"后代表调查总数），进入到返青样地列表。列表中分为未调查、已调查两种类型；默认显示的是未调查列表。

步骤2：在列表中选择一个样地记录，可将该样地定位到地图窗口中心位置，并弹出工具栏 ；点击 ，打开返青样地的侧栏属性录入界面。

步骤3：填写对应的字段值。① 调查日期：一般不自动获取，点击一次自动填写。格式为 2021-05-25。② 调查人：自动获取登录

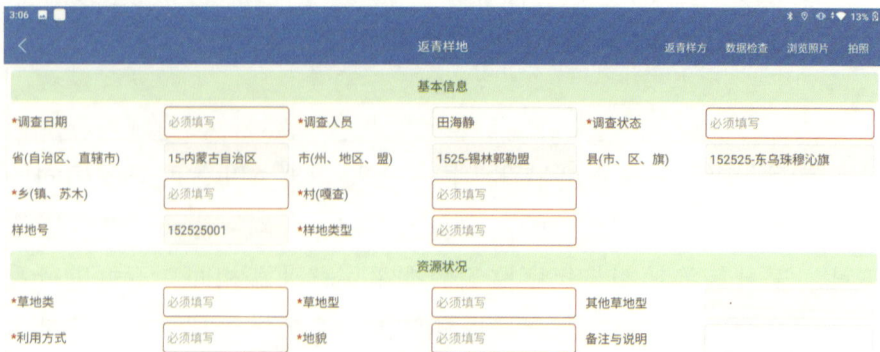

图 8-24　返青样地属性录入界面

用户名，也可手动修改。③ 样地号：自动生成，县 +3 位样地号，以县为单位从 001 开始自增 1。④ 省、市、县、任务点坐标：自动获取。⑤ 调查状态：将调查状态修改为"已调查"时，会自动进行数据检查；如果有不通过的质检，会弹出数据检查界面；点击未通过的质检，可定位到修改界面，待修改字段录入框红色标识并前置显示，录入字段值后，点击 ⟨，返回到数据检查界面，可进行下一个质检项的定位修改。

步骤 4：当属性记录填写完成后，点击【拍照】，进入拍摄界面，拍摄完成后，点击【√】进行保存，↺ 为返回重新拍照。

步骤 5：在属性录入界面点击【浏览照片】，可以查看拍摄的照片，并对照片进行详情查看和删除，如图 8-25 所示。

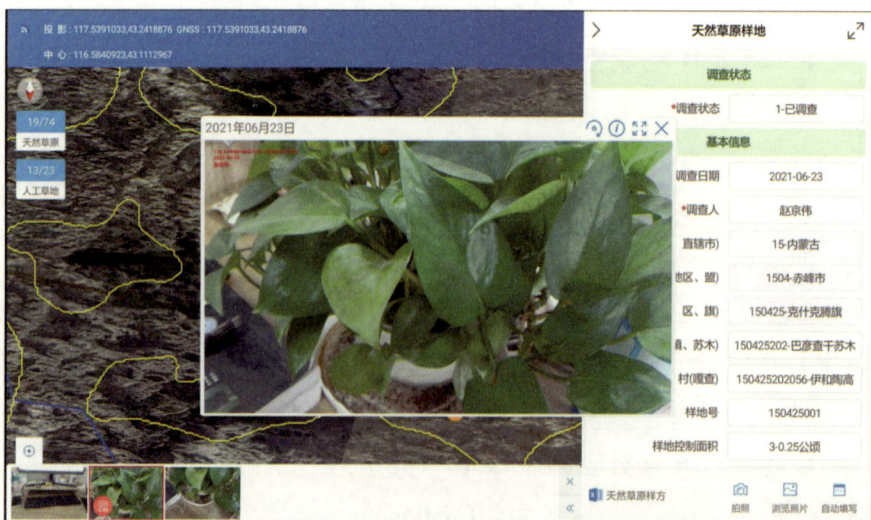

图 8-25　浏览照片

步骤6：返青样地——点击【数据检查】，属性信息录入完成后可以对信息进行数据检查，检查必填字段（带红色 * 字段）是否已填写；如果有不通过的质检，会弹出数据检查界面。

5. 返青样方调查与检查

步骤1：返青样地属性录入界面，点击【返青样方】，打开返青样方列表。

步骤2：返青样方列表右下方，点击 +，打开返青样方信息录入界面，进行信息录入，如图8-26所示。

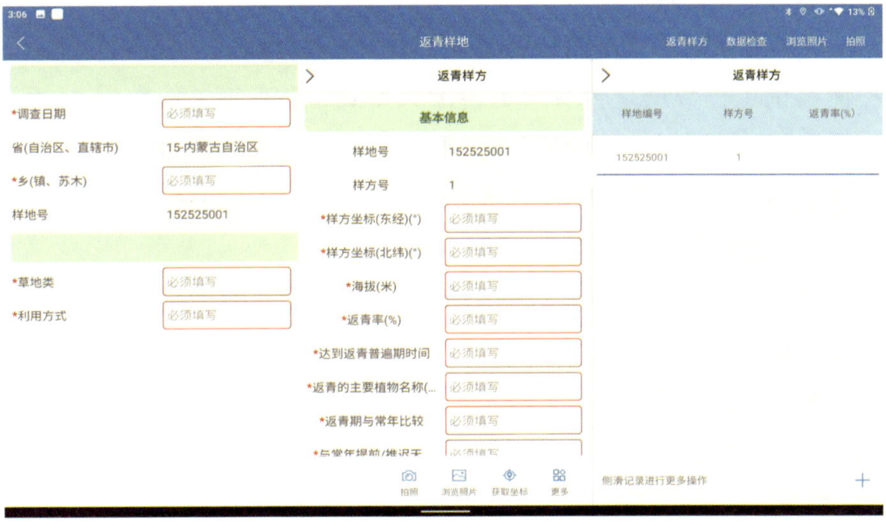

图 8-26　返青样方信息录入界面

步骤3：返青样方信息录入界面，点击【获取坐标】，打开获取坐标对话框，进行坐标获取，待获取信息稳定后，点击【√】进行保存。

步骤4：返青样方信息录入界面，点击【拍照】点击确定后进行拍摄。拍摄完成后，点击【√】进行保存。

步骤5：返青样方信息录入界面，点击【浏览照片】，进入照片浏览界面，可对照片进行查看和删除。

步骤6：返青样方列表，选中记录行往左侧滑动，会显示【删除】按钮，点击【删除】，经过确认可删除选中记录。

步骤7：返青样方——点击【数据检查】，属性信息录入完成后可以对信息进行数据检查，检查必填字段（带红色＊字段）是否已填写；如果有不通过的质检，会弹出数据检查界面。

6. 数据备份

数据备份的功能是将当前打开的工程数据手动备份到 2020 全国草原监测评价数据库中。

7. 数据上传

数据上传的功能是检测当前工程数据是否有未上传的数据；如果有未上传数据，会将本地数据上传到服务器。

8. 数据更新

数据更新的功能是将服务器的数据更新到本地。点击数据更新，检测当前工程数据是否有未上传的数据；如果有未上传数据，会弹出提示框。点击上传数据，会将本地更新数据上传到服务器。点击直接更新，将服务器的数据更新到本地，本地的数据会被覆盖。

9. 数据同步

数据同步将未上传的数据上传到服务器，同时将服务器最新的数据下载到本地。

步骤1：点击任务属性中的数据同步，如果本地有未上传的数据，出现提示。

步骤2：点击同步数据则将未做上传的数据上传到服务器，同时将服务器最新的数据下载到本地。

步骤3：点击仅更新数据则仅将服务器最新的数据下载到本地，本地未做上传的数据被删除。

（二）平台操作

1. 返青期监测首页

调查期切换界面如图 8-27，返青期样地界面如图 8-28 所示。

登录草原监测评价管理系统后，点击系统左上角 ⊞。

选择返青期调查，跳转到返青期调查。

图 8-27　调查期切换界面

2．返青期样地数据查看与编辑

返青期样地界面如图 8-33 所示。

（1）样地详情。样地详情查看的方式有两种：

第一种：选择样地，点击【区划】—【选择对应目标图层】—【属性】，可查看样地点属性信息和外业拍照图片。

第二种：点击返青样地—【属性】—选择一个样地—点击【详情】，可查看样地点属性信息和外业拍照图片。

（2）样地编辑。返青期样地编辑界面如图 8-28 所示。

图 8-28　返青期样地界面

（3）填写说明。省、市、县政区字段自动获取。调查状态默认为未调查状态。

3．返青期样方数据查看与编辑

返青样方界面如图 8-29 所示。

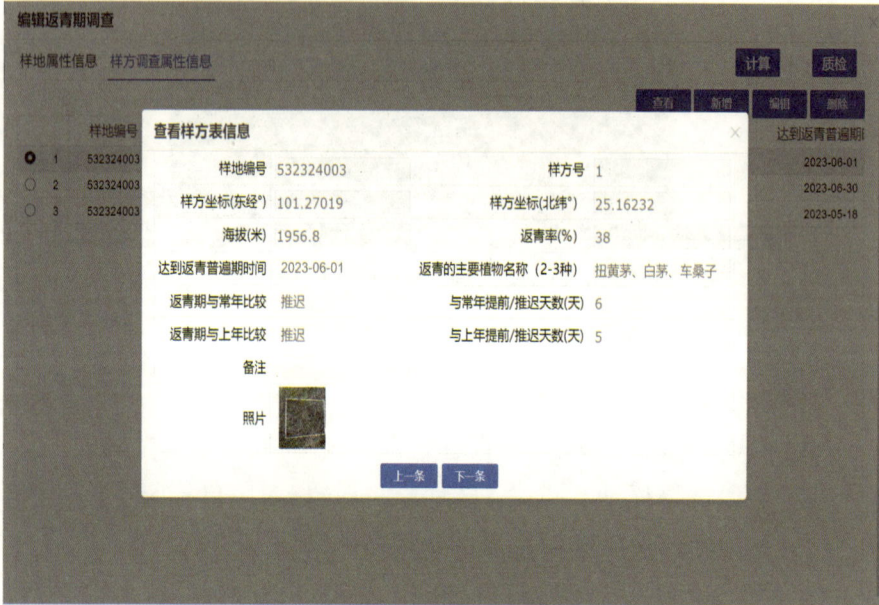

图 8-29　返青样方界面

（1）样方属性查看。查看返青样方详细信息，只可查看不可编辑。

（2）样方属性编辑。对选中的样方进行编辑、修改。

（3）新增样方。点击页面右上角的新增按钮，新增一条返青样方记录。

（4）删除样方。删除选中的样方记录。

4．样地、样方属性计算

（1）功能说明。样地中输入框灰色的字段不可编辑，为自动获取或者计算获得。

（2）操作说明。

步骤 1：填写样地属性信息。

步骤 2：点击计算。

步骤 3：选择需要进行计算的样地表，点击写入计算值。

5．批量计算

（1）功能说明。对选中的一个或者多个状态为已调查样地进行计算。

（2）操作说明。

步骤1：选中需要计算的样地。

步骤2：点击批量计算。

步骤3：对属性列表中的样地进行批量计算，点击批量写入计算值

6．数据质检

（1）功能说明。对样地的规范性检查。

（2）操作说明。

步骤1：填写样地属性信息。

步骤2：点击质检。

步骤3：进行数据检查，质检项结果显示未通过的质检项。

（3）保存时质检。如果勾选了此项，则当填写样地调查信息保存时会自动进行质检，并弹出未通过的质检项。当调查状态由未调查变成已调查时，点击保存，如果质检未通过，则数据可以保存，但是调查状态保存失败。

保存时质量检查界面如图8-30所示。

图8-30　保存时质量检查界面

7．批量质检

批量质检的功能是对属性列表中的一个或者多个样地进行质检功能，并展示批量质检结果。

8．数据导出

数据导出的功能是将当前属性表内所有的样地以 shp 的压缩包形式导出，如图 8-31 所示。

图 8-31　shp 导出界面

二、枯黄期监测

（一）移动端操作

1．操作流程

与草原年度监测操作流程相同。

2．选择下载方案

打开草原监测外业采集软件，选择枯黄监测，点击可进入数据下载界面。

3．任务下载方式

与返青期监测相同。

4．枯黄样地调查与检查操作流程

与返青期监测相同，记录指标如图 8-32 所示。

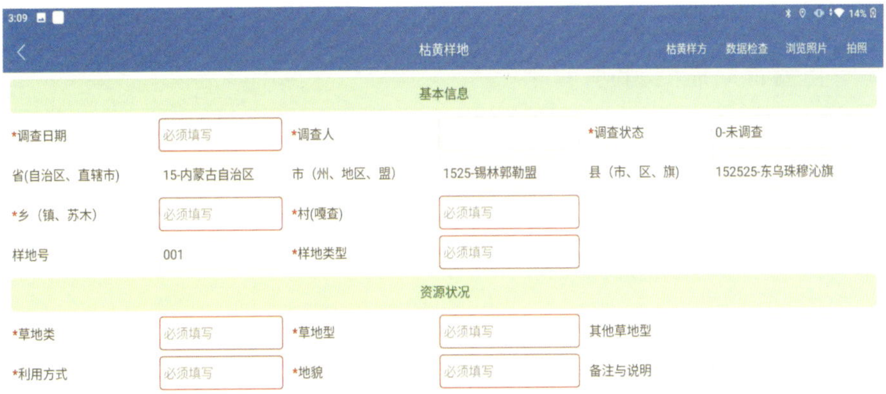

图 8-32　枯黄样地数据检查界面

5．枯黄样方调查与检查操作方法

数据备份、数据上传、数据更新、数据同步操作方法与返青期监测相同。

（二）平台操作

1．枯黄期监测首页

登录草原监测评价管理系统后，点击系统左上角 ，选择返枯黄期，跳转到枯黄期调查。

调查期切换界面如图 8-33 所示。

图 8-33　调查期切换界面

2．主要功能及操作方法

与返青期监测相同。

三、工程效益监测

（一）移动端操作

1．操作流程

与草原年度监测操作流程相同。

2．选择下载方案

打开草原监测外业采集软件，选择工程效益监测，点击可进入数据下载界面。

3．任务下载操作流程

与返青期监测操作流程相同。

4．工程效益样地监测操作流程

与返青期监测相同。

5．工程区内样方监测

步骤1：工程区样地属性录入界面，点击【子表列表】，打开样方列表。

步骤2：工程区内样方列表右下方，点击 +，打开工程区内样方信息录入界面，进行信息录入。

工程区内样方属性录入界面如图8-34所示。

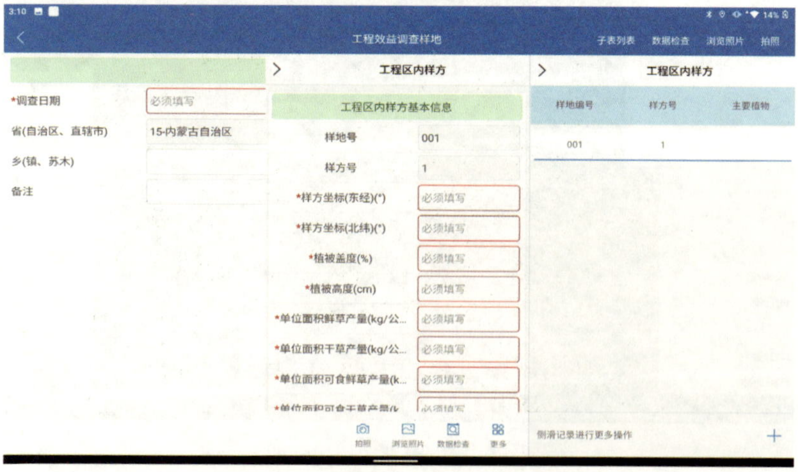

图8-34　工程区内样方属性录入界面

步骤 3：工程区内样方信息录入界面，点击【拍照】点击确定后进行拍摄。拍摄完成后，点击【√】进行保存。

步骤 4：工程区内样方信息录入界面，点击【浏览照片】，进入照片浏览界面，可对照片进行查看和删除。

步骤 5：工程区内样方列表，选中记录行往左侧滑动，会显示【删除】按钮，点击【删除】，经过确认可删除选中记录。

步骤 6：工程区内样方，点击【数据检查】，属性信息录入完成后可以对信息进行数据检查，检查必填字段（带红色＊字段）是否已填写；如果有不通过的质检，会弹出数据检查界面。

6.工程区外样方监测

步骤 1：工程区样地属性录入界面，点击【子表列表】，打开样方列表。

步骤 2：工程区外样方列表右下方，点击 ＋，打开工程区外样方信息录入界面，进行信息录入。

步骤 3：工程区外样方信息录入界面，点击【拍照】点击确定后进行拍摄。拍摄完成后，点击【√】进行保存。

步骤 4：工程区外样方信息录入界面，点击【浏览照片】，进入照片浏览界面，可对照片进行查看和删除。

步骤 5：工程区外样方列表，选中记录行往左侧滑动，会显示【删除】按钮，点击【删除】，经过确认可删除选中记录。

步骤 6：工程区外样方，点击【数据检查】，属性信息录入完成后可以对信息进行数据检查，检查必填字段（带红色＊字段）是否已填写；如果有不通过的质检，会弹出数据检查界面

数据备份、数据上传、数据更新、数据同步操作方法与返青期监测相同。

（二）平台操作

1.工程效益监测首页

登录草原监测评价管理系统后，点击系统左上角 ▣，选择工程效益，跳转到工程效益调查，如图 8-35 所示。

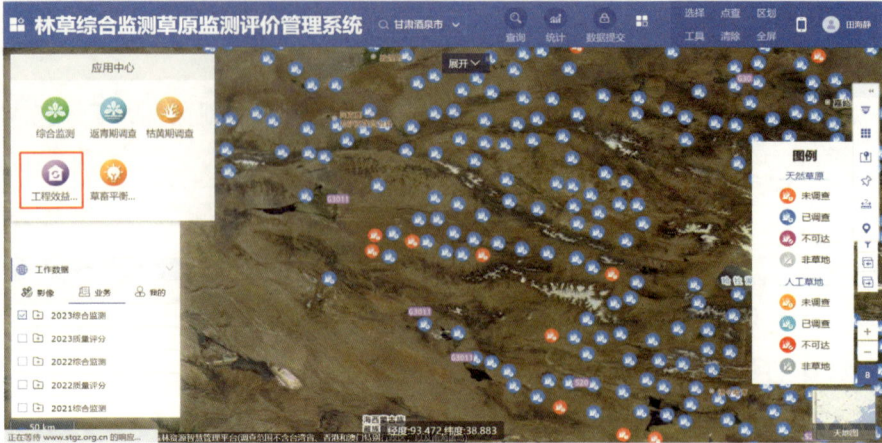

图 8-35　调查期切换界面

2．主要功能及操作方法

与返青期监测相同。

四、草畜平衡监测

（一）移动端操作

1．操作流程

与草原年度监测操作流程相同。

2．选择下载方案

打开草原监测外业采集软件，选择草畜平衡监测，点击可进入数据下载界面。

3．任务下载操作流程

与返青期监测操作流程相同。

4．工程效益样地监测操作流程

与返青期监测相同。

（二）平台操作

登录草原监测评价管理系统后，点击系统左上角 ▦，选择草畜平衡，跳转到草畜平衡监测页面，主要功能及操作方法与返青期监测相同。

第九章
草原管理平台建设

第一节　平台建设目的、任务与方法

一、建设目的

新时期草原调查监测评价体系的成功构建，为我国草原资源本底调查（基况监测）、年度动态监测、专项应急监测和生态评价监测等任务的顺利展开奠定了基础。以 2021 年国家林业和草原局林草生态综合监测工作为标志，2021—2022 年我国大规模的草原调查监测工作全面开展，国家和地方草原管理部门获取了覆盖全国的、落到山头地块的草原资源监测成果。其中，2021 年全国草原年度动态监测完成草原小班区划 1900 万个（国家林业和草原局，2022），2022 年获取全国覆盖草原监测样地 1.83 万个，监测样线 5.48 万条、监测样方 11.47 万个。

新时期草原监测工作的高效推进和丰硕成果需要国家和地方各级草原管理部门充分运用现代化信息技术，采用理念先进、方法科学的信息化手段和方法，建立以全国、省、市、县四级草原资源管理"一张图"为基础的智慧草原管理平台，满足新时期草原调查监测体系工作常态化、动态化和智能化需求（唐芳林等，2020），全面落实全国草原资源"一张图""一套数""一平台"目标；同时与第三次全国国土调查数据、林草资源"一张图"和林草生态网络感知系统建设接轨，为林草融合管理提供基础性支撑。

因此，以建立草原资源管理"一张图"和服务我国草原业务管理和综合决策为宗旨，通过草原监测获取以草原小班为基本单位的草原现状数据，衔接融合第三次全国国土调查草原地类数据和其他草原数据，建立起覆盖完整、上下衔接、技术统一、结果一致的草原资源"一张图""一套数"，并研发以"一张图"为基础本底的智慧管理平台，实现草原对监测评价、生态修复、执法监督、现代草业服务等草原主体管理业务的有力支撑，实现草原调查监测成果的可视化仿真展示和大数据智能分析，提升草原资源管理的科技含量和技术水平，整体推动我国草原治理水平的数字化、精细化和现代化。

二、建设任务与方法

草原管理平台需要建设全国、省、市、县四级上下联动、标准统一的草原信息化平台，建设主体是国家和地方各级草原管理部门，属于国家草原管理部门和地方各级草原管理部门共建共享的开放式平台，主要建设任务和初步建设思路方法如下。

（一）数据库建设

开展统一的草原信息资源规划，构建与国家林草资源数据库分类相一致的草原资源数据库分类体系，指导全国各地草原数据资源分类工作。统一全国草原调查监测数据库建设技术标准，以第三次全国国土调查草原地类数据和草原调查监测成果为基础，建立全国上下一致的 4 级草原感知数据库，从技术上实现草原资源"一张图""一套数"。

（二）草原软件平台建设

围绕本级草原生态和生产服务目标，实现草原监测评价、资源保护、生态修复、执法监督、现代草业服务等业务应用。全国各地草原管理内容不尽相同，各级草原管理部门可根据本地情况，建立以草原资源"一张图"为基础的业务管理系统。伴随草原业务办理流程，建立草原数据动态更新机制，实现草原资源数据从本底获取（基况监测）、变化采集（年度监测、应急监测等），到年度更新（档案更新）全流程的变化管理和更新。同时，为满足分析评价和领导决策需要，建立数据成果展示系统和大数据智能分析平台。

（三）草原成果数据服务与共享

通过信息服务、数据开发等多种主被动数据服务方式，实现草原调查监测成果的广泛应用和服务。数据服务和共享有两种实现模式：一是传统的信息服务提供模式，借助 WS 和 OGC 系列开放标准的属性数据信息服务提供和地图信息服务提供模式。传统模式下，由各级草原管理部门将草原感知数据库中可共享的数据成果开发成数据或地图服务，为政府、企业和社会各方面提供真实可靠和准确权威的草原信息，用户通过登陆各级草原感知平台提供的信息服务网址，通过信息服务目录检索，进而查询到具体专题数据信息。二是主动服务模式。平台端提供可以共享的草原样地、样方数据以及基础的数据统计分析、空间分析等基础功能，用户根据自身需求，载入用户数据参与计算，获取用户的目标需求、成果数据。主动服务模式属于较为超前的信息服务理念，各级草原管理部门后续可随着需求和技术条件的成熟予以建设。

第二节　草原数据库建设

一、草原信息资源规划

从业务特性和管理需要出发，将草原信息资源规划为公共基础、调查监测、业务专题、灾害防治、综合产品 5 个大类别，进而细分为若干子类别，并建立对应的草原感知数据库。通过国家政务信息目录与交换体系，实现与其他部门数据协同和共享；通过国家林业和草原局生态网络感知平台（暂未正式发布）的信息服务和共享接口；实现与森林、湿地、荒漠、自然保护地、国家公园等内部信息资源共享与交换，实现与地方各级感知平台信息服务和共享。草原感知数据库通过国家草原基况监测、年度监测、专项监测、遥感卫

星、有无人机、生态观测、物联感知等"天空地"全方位采集手段
获取数据源，并为国家草原资源保护和生态修复提供基础支撑数据。

草原信息资源规划如图9-1所示。

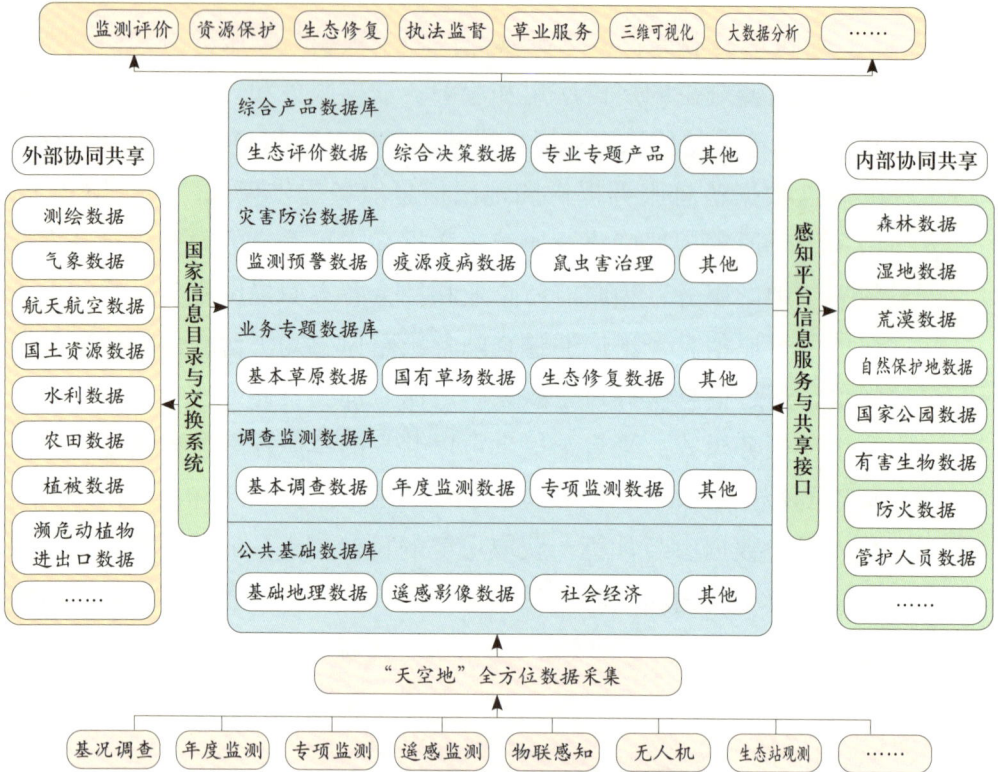

图9-1 草原信息资源规划示意

（一）公共基础数据库

公共基础数据库主要来源于国家、地方自然资源和社会经济管
理部门或社会服务部门，主要通过公益服务、共享交换或政府采购
等方式获取。包括基础地理数据、遥感影像数据、社会经济数据、
相关行业数据（气象、土壤等）、业务支撑数据等类型。

1. 基础地理数据

各种比例尺数字化地形图、数据、国家、省、市、县等多级比
例尺行政区划、交通道路、水系、居民点、地形（DEM）数据等。
基础地理数据主要由国家测绘部门、民政部门等生产。

2．遥感影像数据

多平台（卫星、航空、无人机等多种遥感平台）、多源（国内外多种载荷数据）、多类型（传统光学、激光、SAR、高光谱）多时相、多空间分辨率海量遥感数据。遥感数据来源渠道众多，国内外均有各种类型的商业遥感数据和公益卫星数据提供。

3．社会经济数据

包括人口、经济产值、相关统计数据等；社会经济数据主要由国家发展改革委、统计局、海关等部门发布。

4．相关行业数据

水文、气象、土壤等各行业部门数据，主要由相关行业主管部门或社会服务部门（如气象、环保、农业、应急部门等）提供。

5．业务支撑数据

草原管理工作中用来支撑核心业务处理的一些支撑数据，如各种数表数据、模型数据、重要参数等。

（二）调查监测数据库

调查监测数据由草原基况监测数据、草原年度监测数据和草原专项监测数据构成。草原年度监测由国家林业和草原局组织开展，每年定期开展，主要成果为全国草原样地监测成果和年度草原图斑变化成果；草原基况监测主要由各省（自治区、直辖市）草原主管部门组织开展，每10年开展一轮，主要成果为全省（自治区、直辖市）全覆盖草班和草原小班调查成果数据；草原专项监测数据是指草原部门开展各项业务过程中，为满足某些重点区域或重点关注内容而开展的专项监测获取的各类专题数据。

（三）业务专题数据库

包括各类草原业务办理和行政审批产生的数据，如基本草原数据、国有草场数据、草原修复工程数据、草原行政审批数据、种草落地上图数据、草原自然公园数据、草产业服务专题数据、草原牧户管理数据、草原管护员数据等。

（四）灾害防治数据库

包括各类草原应急防灾数据，如草原灾害风险普查数据、草原鼠虫害专题监测数据、草原火灾监测预警数据、风雪灾害损失数据等。

（五）综合产品数据库

包括草原综合决策管理数据、专题专业产品数据、公众服务数据、其他数据等。综合决策管理数据是根据综合管理决策的需要，由前4类数据通过叠加、时空分析等所形成的综合数据；专题专业产品数据主要包括不同空间、时间尺度的草原专题产品（如草原长势、草原生产力、产草量产品等）；公众服务数据指为社会公众提供的公共服务数据等。

二、数据库主要建设内容

草原感知数据库是服务于全国草原管理的综合性数据库，根据国家和地方各级草原管理部门需求，建设公共基础、调查监测、业务专题、灾害防治、综合产品等5类数据库。各类别数据库建设的详细内容见表9-1。

表9-1　草原感知数据库主要建设内容

数据类别	数据名称	主要数据内容	数据来源	更新周期	数据形式
草原调查监测数据库	草原基况监测数据	图斑监测数据和样方监测数据，主要包括草原类、型、等、级、权属性质、资源状况、生态质量、土地利用状况（与第三次全国国土调查及年度更新数据结合）等内容	草原基况监测	5～10年	矢量、统计表等
	草原年度监测数据	包括样地、样方、样线、变化图斑数据和统计分析成果等，主要包括长势动态、草原综合植被盖度、生产力、草畜平衡、鼠害面积、虫害面积、工程成效、政策落实、执法监督等内容	国家林草生态综合监测	年度更新	矢量、栅格和统计表等
	草原专项监测数据	退化草原专项监测数据，主要包括草原退化面积、分布、退化等级等内容	全国草原健康和退化评估	依需更新	矢量、栅格和统计表等
		草畜平衡监测数据，主要包括草原地上现存产草量、放牧牲畜采食量、合理载畜量和实际载畜量等内容	草畜平衡监测	依需更新	矢量、栅格和统计表等

（续）

数据类别	数据名称	主要数据内容	数据来源	更新周期	数据形式
草原调查监测数据库	草原专项监测数据	草原物候期监测成果数据，包括返青期监测、生长期监测、枯黄期监测等内容	草原物候期监测	年度更新	矢量、栅格和统计表等
		碳汇监测数据，包括生物量、碳储量、碳汇量等内容	草原碳汇监测	依需更新	矢量、栅格和统计表等
		草原生态环境监测数据，包括气象条件、土壤环境等内容	物联感知、草原生态监测站固定监测	实时更新、年度更新、依需更新	矢量、栅格和统计表等
		有无人机监测数据，包括有无人家大样地或图斑监测数据等	有人机、无人机监测	按需更新	激光雷达、栅格等
		草原固定观测数据	草原生态监测站固定监测	实时更新或按月更新	图片、属性表、统计图表
业务专题数据库	草原资源管理一张图数据	以第三次全国国土调查及年度更新数据为基础的各类草原资源数据	国家林草生态综合监测、草原基况监测等	年度更新	矢量、统计表等
	草原变化图斑数据	草原违法违规督查数据与判读数据	草原变化图斑核查	年度更新	矢量、统计表等
	基本草原管理数据	基本草原划定数据和基本草原管理数据	基本草原管理业务	按需更新	矢量、统计表等
	国有草场管理数据	国有草场分布及其属性数据	国有草场业务	按需更新	矢量、属性表等
	草原保护修复数据	草原保护修复计划和完成任务成果数据，如种草改良数据、退化草原治理数据等	草原保护修复落地上图上图	年度更新	矢量、属性表等
	国家草原自然公园数据	国家草原自然公园分布、保护对象监测和人为活动监测等数据	国家草原自然公园业务	年度更新	矢量、属性表、文本等
	草种资源保护利用	草种资源保护利用数据，主要包括优良草种、乡土草种等内容	草种资源保护利用业务	按需更新	矢量、属性表等
	草原行政审批数据	草原行政机关对涉及草原行为的合法性、真实性进行审查、认可等数据，如草地开垦、开矿、征占数据	草原行政审批业务	依需更新	矢量、属性表、文本等
	草产业服务数据	草产业的各项服务数据	草产业服务业务	年度更新或按季更新	矢量、属性表、文本等
	草原管护数据	草管员资料、培训、拨款、巡护、统计上报等数据	草原管护业务	年度更新	矢量、属性表、文本等
灾害防控数据库	草原灾害风险普查数据	国家草原灾害风险普查数据	国家灾害风险普查	不定期	矢量、属性表、文本等

（续）

数据类别	数据名称	主要数据内容	数据来源	更新周期	数据形式
灾害防控数据库	草原有害生物普查数据	对危害草原植被及其产品并造成经济或生态损失的主要有害生物（含入侵物种），包括啮齿类动物、昆虫、植物病原微生物、毒害草数据	灾害防控监测业务、草原应急性监测	按需更新	矢量、属性表、文本等
	外业物种入侵	外业物种入侵数据调查监测数据	外业物种入侵专项调查、草原应急性监测	按需更新	矢量、属性表、文本等
	草原鼠虫病害专题监测与治理数据	草原鼠害虫害病害专项监测与治理数据	鼠虫病害治理监测、草原应急性监测、专项监测	依需更新	矢量、属性表、文本等
	草原火灾监测预警数据	草原火灾监测及预警数据，包括火点监测、防火巡护、火源管理、防火设施数据等	灾害防控监测、草原应急性监测	依需更新	矢量、属性表、文本等
	疫源疫病管理数据	涉及草原的疫源疫病防控管理数据	疫源疫病监测业务、草原应急性监测	按需更新	矢量、属性表、文本等
	灾害损失评估数据	灾害损失评估数据，如雪情、旱情带来的损失评估数据等	灾害损失评估业务、草原应急性监测	按需更新	矢量、属性表、文本等
综合产品数据库	草原生态评价	草原生态系统评价、生态服务功能评价、综合评价等数据，包括草原健康度评价、退化等级、恢复程度、质量（等级）、质量评价、生态功能实物量和价值量评价等内容	国家林草生态综合监测、草原生态评价业务	5年或按需更新	矢量、属性表、文本等
	综合决策管理	生态保护修复评价和预测数据，包括修复效果预测评价数据、人类活动影响预测评价数据等	生态保护修复业务	按需更新	属性数据、文本等
		草畜平衡辅助决策支持数据	生态保护修复业务	按需更新	属性数据、文本等
		草原灾害发生趋势分析产品	灾害防治业务	按需更新	属性数据、文本等
	专题产品	全国草原资源基本产品，包括草原分布产品、分区产品、分级分类、植被覆盖度、产草量专题产品等	草原基况监测	按需更新	矢量、专题图、专题报告等
		全国退化草原分布图	退化草原专项监测	按需更新	矢量、专题图、专题报告等
		草原资产专题产品，包括草原生态资产核算、变化评估、资产负债表以及草原资产分等定级产品	草原调查监测	按需更新	矢量、专题图、专题报告等
	公共服务数据	草原文化宣传产品	草原公共服务业务	按需更新	矢量、属性表、文本、多媒体等

（续）

数据类别	数据名称	主要数据内容	数据来源	更新周期	数据形式
综合产品数据库	公共服务数据	草产业社会服务数据，如全国主要草种生产分布数据、主要进口草种和分布数据、主要国产草种和分布数据、草种供给预测数据、草种需求预测数据等	草产业服务业务	按需更新	矢量、属性表、文本、多媒体等
		草原生态旅游服务产品	草原公共服务业务	按需更新	矢量、属性表、文本、多媒体等
公共基础数据库	基础地理	包括境界、政区、居民点、交通、水系、数字栅格地图等	测绘、民政部门	按需更新	矢量、属性表等
	遥感影像	卫星、航空、无人机遥感数据等，包括可见光、红外、高光谱、微波、雷达等数据类型	商业采购、国内公益数据、国外免费数据、组织空地调查等	按需更新	栅格等
	社会经济	人口、经济产值及管理队伍建设、能力建设、基础设施建设、资金保障、特许经营等统计数据	资料收集、访问调查等	按需更新	属性表、文本等
	相关行业	水文、气象气候、土壤、矿产、海洋遗产遗迹、生态状况等数据	资料查询、专项调查、遥感监测、地面监测等	按需更新	矢量、属性表、文本等
	业务支撑	数表数据、模型数据、参数数据等	相关部门、科研资料、大数据分析等	按需更新	属性表、文本等

第三节　智慧草原平台建设

一、目标和功能框架

按照全国"一盘棋"规划思路，国家层面的智慧草原平台建设6个类别的功能子系统（由于全国各地草原管理业务不尽相同，地方部门可根据实际调整）和2类综合类别的服务系统。其中，6类功能子系统提供监测评价、资源保护、生态修复、执法监督、现代草业和支撑保障6类业务功能；2类综合服务系统分别为成果展示与可视化系统和草原大数智能分析平台，实现辅助决策支持。

6类功能子系统主要功能如图9-2所示。

监测评价	资源保护	生态修复	执法监督	现代草业	支撑保障
监测评价	草原权属	修复空间	法律法规	草原畜牧业	科研平台
年度监测	草原保护制度	种草改良	普法宣传	草种业	草原政策资料库
长势动态	草原补奖	生物灾害	案件查处	草原文旅产	队伍能力建设
物联感知	原管护员	成效评估	专项检查	草坪业	
	国有草场		挂牌督办		
	征占用		通报约谈		
			图斑判读		

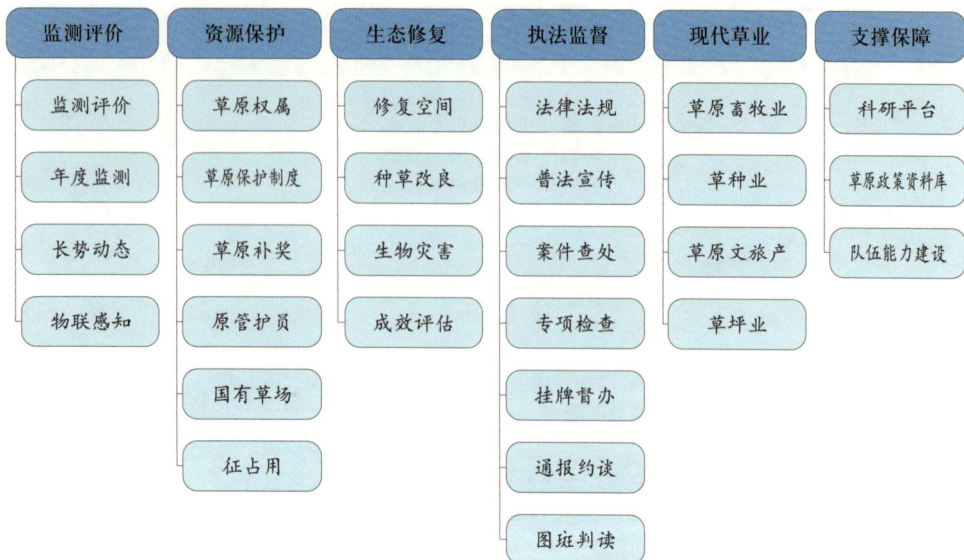

图 9-2　6 类功能子系统主要功能

二、草原监测评价系统

（一）目标和服务对象

建设集草原图斑数据、样地数据、长势动态数据、地面物联感知数据、管护报送数据、多源遥感数据于一体的全国草原资源数据目录，建成多图层全覆盖的全国草原"一张图"，实现全方位信息的聚拢，实时掌握草原资源和生态状况的动态变化。

加强数据应用，深入挖掘草原各类数据，以应用为落脚点，采用"一号通办"的多层级用户管理，建成支撑全国、省、市、县四级草原管理的业务应用系统。为草原保护修复与合理利用提供完善的本底数据和高时效的动态监测数据，面向社会公众及各有关部门及时开展数据共享服务。

（二）主要功能

1. 基况监测

基况监测模块利用感知系统在上一年度草原基况监测数据入库与专题图发布的基础上开发。该模块采用图斑方式展示草原各类属性信息，可通过点查工具查看草原基况监测图斑数据，默认展示草原分区专题。数据资源目录中提供多种数据资源图（草原分区图、草原类分布图、草原植被盖度分级分布图、草原单位面积鲜重产量分级分布图、草原植被碳密度分级分布图），采用感知系统草原数据专题图制图规范进行制图。统计模块默认展示全国的指标数据，切换左上角政区定位，统计指标可自动切换展示该区域的数据。除了支持国家—省—市—县各级行政区域单元数据自动统计分析外，还支持草原五大分区、全国重点战略区、国家公园、重点生态系统保护修复区和重点生态功能区等5类重点生态单元统计指标的自动切换展示。

2. 年度监测

年度监测模块利用感知系统对上一年度草原年度监测和各类专项监测数据进行入库的基础上开发。该模块支持2019年以来历年全国草原监测样地、样方数据的展示，采用感知系统草原数据专题图制图规范进行制图。默认显示上一年度的样地空间分布和数据，可通过点查工具查看样地、样线、样方和各类植物调查表属性信息及各类外业采集照片。数据资源目录中数据时间范围是2019年以来历年数据，数据类型包括综合监测草原样地和草原返青、枯黄、工程效益、草畜平衡等各类草原专项调查监测数据。

3. 长势动态

长势动态模块集成了2000年以来长时间序列草原植被长势遥感监测数据，监测时间为每年5~9月草原主要生长季，监测周期为每半月一次，目前共230期数据。利用每半月的草原植被长势动态可以快速监测草原返青、盛期、枯黄等物候变化，为牧区生产提供数据支撑。通过长时间序列长势数据结合模型分析，可以提取不同年度区间草原植被指数显著性变化趋势，在评估草原保护修复成效中发挥了重要作用。

默认加载上一年度生长季平均植被指数空间分布。数据资源目录中提供多种数据资源图，包括2000年以来历年5~9月半月植被指数、生长季平均植被指数、植被长势显著性变化趋势数据。统计模块默认展示全国2000年以来半月植被指数走势曲线和生长季均值植被指数走势曲线，通过鼠标滚轮可以缩放展示其他年度的数据。除了支持国家—省—市—县各级行政区域单元数据自动统计分析外，还支持草原五大分区、全国重点战略区、国家公园、重点生态系统保护修复区和重点生态功能区等 5 类重点生态单元统计指标的自动切换展示。

支持用户自定义的长势动态分析，用户在图上任意勾绘分析范围或选择地图中的面要素（也可通过导入 shp 的方式），选择统计的数据类型、开始时间和结束时间，点击长势分析，可自动统计并在右侧长势分析界面展示分析结果。

系统具备草原植被长势卫星动画自动播放功能，时间轴默认处于暂停状态，点击播放可以播放地图服务，默认播放的时间周期为 2021 年 5~9 月。点击前后按钮可以切换到上一期或下一期影像，在时间轴中还可以根据用户需要设置播放年度周期和播放速度。

4. 物联感知

物联感知模块集成了与各地联合建设的草原地面物联感知监测站点采集数据开发，当前已在内蒙古、青海、甘肃、重庆、北京等地建设站点 20 余处，站点采用太阳能供电，安装了低功耗数据采集器，集气象、土壤、空气质量、植被长势等 12 个要素和远景照、样方照采集于一体，监测频次 1 小时或半小时 1 次，数据实时传输到系统中，其中样方照采用对植被信息最敏感的近红外相机拍摄，样方面积 2~4 平方米，集成 AI 技术可自动提取盖度、长势信息，也称"智慧样方"。

页面默认加载 2020 年影像数据和全部草原监测站点空间分布及数据。选择数据资源中的站点（支持模糊搜索），地图中的站点成选中状态对应高亮显示。对站点进行点查，可查看站点的详细信息，照片分为样地照片和周边长势两类照片，默认显示周边展示最新一张拍摄的照片，可以切换周边长势和样地照片查看。也可选择时间和条件查看站点变化趋势图，监测指标曲线默认显示最近 2 天的温度变化曲线，草地物联监测数据如图 9-3 所示。

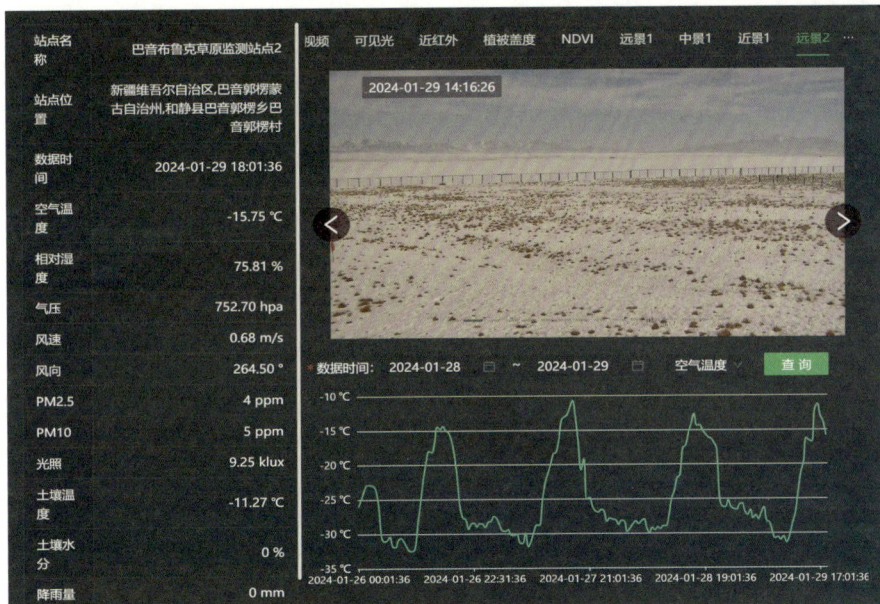

站点名称	巴音布鲁克草原监测站点2
站点位置	新疆维吾尔自治区,巴音郭楞蒙古自治州,和静县巴音郭楞乡巴音郭楞村
数据时间	2024-01-29 18:01:36
空气温度	-15.75 ℃
相对湿度	75.81 %
气压	752.70 hpa
风速	0.68 m/s
风向	264.50 °
PM2.5	4 ppm
PM10	5 ppm
光照	9.25 klux
土壤温度	-11.27 ℃
土壤水分	0 %
降雨量	0 mm

图 9-3 草地物联监测数据

三、草原资源保护系统

（一）目标和服务对象

资源保护系统主要实现全国草原权属、草原保护制度、草原补奖、草原管理员、国有草场、征占用现状数据管理、查询、统计分析和展示等功能。系统服务于国家、省、市、县多级草原管理部门，通过统计图表等多种形式展示草原资源主要保护成果和现状，辅助草原管理部门决策管理人员实现林草资源科学保护，为推进草原治理体系和治理能力现代化提供支撑。

（二）主要功能

1. 草原权属

展示分析各省份各级行政单位（到旗县）的草原权属现状，主要指标包括国有草地面积、集体草地面积及占比等，展示形式包括专题统计图及柱状图分析、对比分析图等，并形成草地权属专题图，如图 9-4 所示。

213

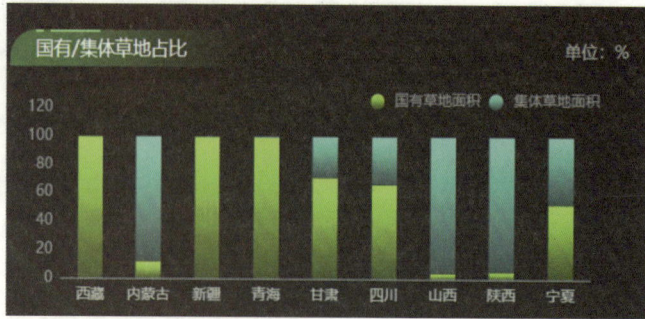

图 9-4　草原权属管理功能示意

2. 草原保护制度

　　为合理优化调整禁牧休牧成效、评估草畜平衡状态，掌握基本草原实施情况和草原承包经营现状，统计全国省、市、县禁牧休牧/草畜平衡制度、草原承包经营制度、基本草原制度等实施数据，统计相关面积、载畜量和产草量等指标，对各类草地分布和重要指标进行可视化展示。通过信息化手段，实现禁牧休牧、草畜平衡的分区管控，如图 9-5 所示。

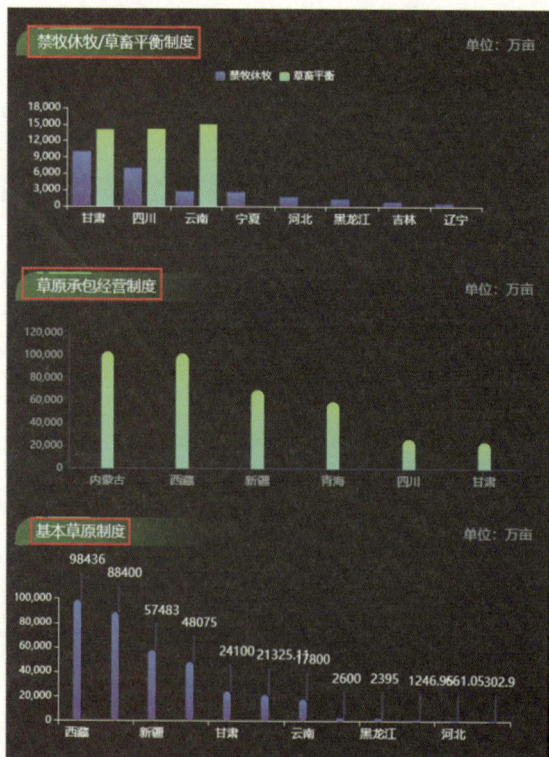

图 9-5　草原保护制度实施管理功能示意

3.草原奖补

为提高草原生态保护补助奖励政策的运行效率和效益，实现全国省、市、县各级草原奖补管理，系统可统计全国省、市、县禁牧面积、草畜平衡面积、奖补资金的分布情况，根据审核结果对相应的奖补项目进行奖补计算，并形成奖补列表，包括禁牧补助、草畜平衡奖励、生产资料综合补贴、牧草良种补贴等分项统计。

4.草原管护员

为完善草原"天空地"一体化管护体系，系统可统计全国各省、市、县草原管护员的身份性别、兼职身份人数的分布情况，以及各省份草原管护员总人数、村干部人数、村级防疫人数、普通农牧民人数、其他人数。实现对草原管护员信息录入维护、管护员巡查信息查看、巡查信息上报等功能，如图9-6所示。

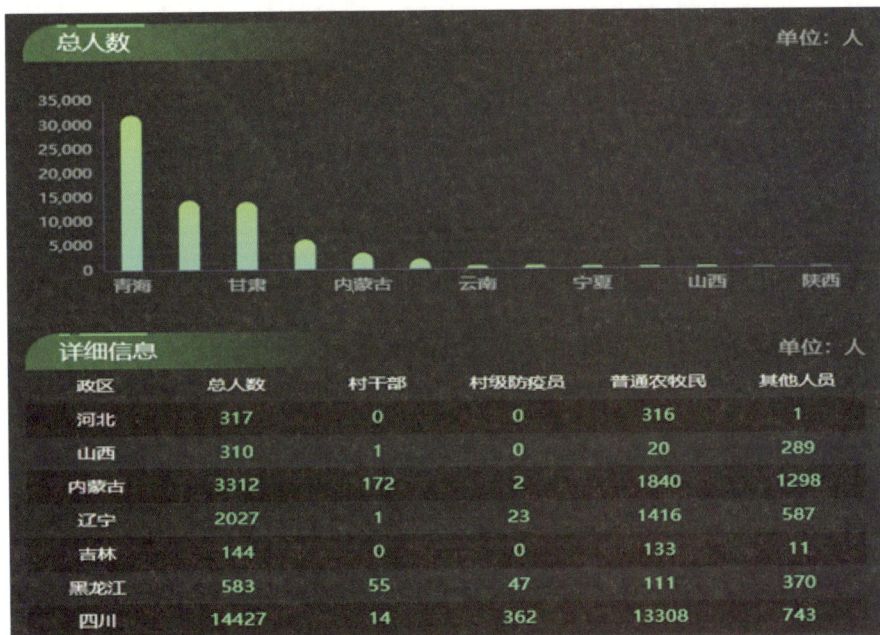

总人数 单位：人

详细信息 单位：人

政区	总人数	村干部	村级防疫员	普通农牧民	其他人员
河北	317	0	0	316	1
山西	310	1	0	20	289
内蒙古	3312	172	2	1840	1298
辽宁	2027	1	23	1416	587
吉林	144	0	0	133	11
黑龙江	583	55	47	111	370
四川	14427	14	362	13308	743

图9-6　草原管护员管理功能示意

5.国有草场管理

为强化国有草场草原资源保护和信息化管理，系统可明确各国有草场范围与权属，统计各功能区面积、科研项目和科普活动开展情况，以及种草改良、优良种质、人工饲草基地、基础设施等分布情况。并提供全景展示及多种数据资源图，如功能分区图、草原类型分布图、草原植被盖度分级分布图、基础设施分布图等。

6. 征占用管理

为统一草原征收、占用等行政审批管理，统计汇总全国各省、市、县各类草原征占数据，包括草原开垦、按建设项目使用草原以及其他类型等，统计指标包括各类型征收占用面积等，总体掌握我国草原征占情况，为草原保护政策制定提供数据支撑。

四、草原生态修复系统

（一）目标和服务对象

生态修复系统实现全国种草改良、生物灾害、生态修复成效、修复空间现状数据管理和展示等功能。目标实现"一号通办"的多层级用户管理，具备国家、省、市、县分级使用管理，满足各级草原管理部门业务管理需要，为进一步加强草原系统修复和合理利用、推进提升林草生态网络感知能力、完善生态系统保护成效数字化监测评估体系提供支撑。

（二）主要功能

1. 种草改良

为有效监管草原生态修复情况，开展各种生态修复项目任务落地上图管理，实现围栏建设、人工种草、飞播种草、草原改良等各种生态修复地块落地上图，同时实现各种种草改良任务的计划管理、完成管理、进度管理和资金管理等。系统通过专题分析、统计图表等多种形式，展示分年度各省份的生态修复项目信息（包括项目名称、任务、投资金额等）和面积指标（总面积、草原改良面积和人工种草面积等），种草改良现状信息等，并针对项目资金使用情况，如资金任务完成情况、资金任务量、资金统筹使用，是否存在资金重复、交叉投入等开展分析，如图9-7所示。

图 9-7　种草改良图斑属性点查

2. 生物灾害

为提升草原生物灾害的监测预警和决策管理能力，根据草原鼠虫病害监测结果，统计年度各省份历年以来虫害、鼠害、有害植物等生物灾害的发生面积、防治预测有害生物发生面积走势等。开展生物灾害大数据监测预警与应急响应管理，实现草原生物灾害防治任务下达、灾害发生数据上报与审核。

3. 成效评估

为了评估国家和地方草原相关生态修复措施和生态修复工程实施效果，利用地面监测样地和高精度遥感影像数据开展生态修复成效评估，包括样地年度监测评估、遥感年度监测评估、遥感长序列时间评估（20年）等内容。样地年度监测评估指标主要包括工程区内外植被盖度、植被高度、鲜草产量等对比数据；遥感年度监测评估指标主要包括两个年度间植被长势和植被指数的对比数据；长序列时间评估指标包括草原植被恢复区面积、退化区面积、植被指数稳定性增幅等。

4. 修复空间

为落实种草改良空间分布，系统基于草原基况监测数据库、第三次全国国土调查与林地"一张图"数据融合成果、全国荒漠化和沙化监测数据库等基础数据，开展全国及各省份草原生态修复空间潜力分析，针对不同类型地块提出不同的保护修复措施。拟将开展生态修复的地类分为 5%< 植被盖度 <30% 的草地、30% ≤ 植被盖度 ≤ 60% 的草地、其他林地、其他土地中的可治理沙化土地等 4 种类型，分门别类开展修复空间分析、修复措施诊断、修复地块落图、修复后成效评估等全流程业务。系统支持分省份、分类型草原修复空间和信息查询、展示和统计汇总。

五、草原执法监督系统

（一）目标和服务对象

执法监督子模块可以实现在线图斑判读、普法宣传、案件查处、专项检查、挂牌督办、通报约谈、草原征占用审核统计汇总等功能。目标实现"一号通办"的多层级用户管理，具备国家、省、市、县分级使用管理功能，实现相关业务司局实时应用各项功能，满足行业系统、社会大众有关草原方面的数据应用和使用需求。

（二）主要功能

1. 图斑判读

2022 年国家林业和草原局推进林地、草地、湿地变化图斑判读工作，草原监督管理由被动式向主动发现转变，彻底消除草原监督的盲区。本模块实现草原相关变化图斑判读、各省份核实下发、图斑判读工作进度实时调度等功能。

2. 普法宣传

展示历年草原普法宣传月活动情况，各地草原普法工作情况，储存草原相关法律法规电子文本资料。

3. 案件查处

展示历年来各地查处草原违法案件的统计情况，主要包括立案数量、结案数量、被处罚人数、破坏草原面积等，分析我国草原违法行为发生数量变化趋势。

4．专项检查

展示每年专项检查行动的具体任务清单、检查时间、检查地点、检查对象、通报检查结果和事项处理情况。

（1）挂牌督办。展示挂牌督办案件的全过程，厘清事件来龙去脉，以时间线展示案件完整处理情况。

（2）通报约谈。展示通报约谈相关情况，包括通报约谈单位、事件起因、事件处理结果、警示启示等。

六、现代草业服务系统

（一）目标和服务对象

现代草业服务系统可以展示我国草产品市场供需关系，展示草种质资源库、草种基地、草品种试验站等地理位置和主要情况，展示国家林业和草原局公布的草产品目录，展示草原文旅产业相关数据。

现代草业服务系统界面如图9-8所示。

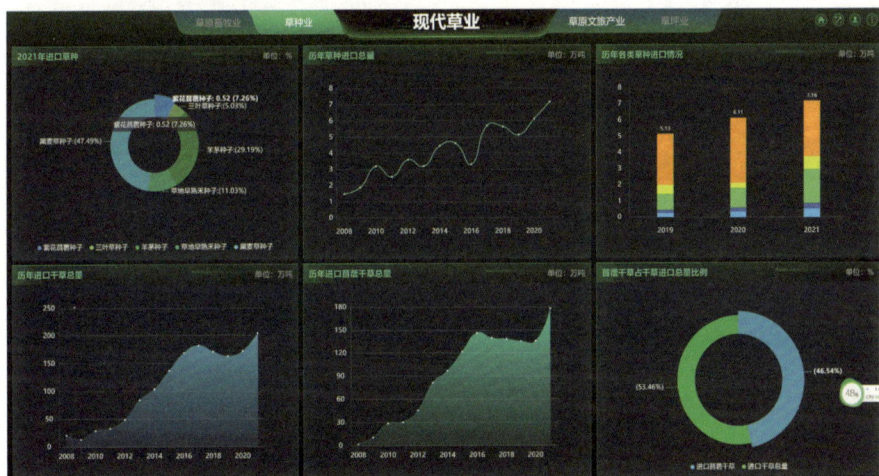

图9-8　现代草业服务系统界面

（二）主要功能

1．草原畜牧业

展示我国草牧业发展情况，包括草原补奖省份禁牧草畜平衡执行情况，牧区草原牲畜存栏、出栏、市场交易情况等。

2. 草种业

清晰展示我国草产品进口量变化趋势，比如历年进口草种、历年进口干草总量、历年草种进口总量、历年进口苜蓿总量、历年各类草种进口情况、苜蓿干草占干草进口总量比例等数据。

3. 草原文旅产业

展示全国国家草原自然公园整体分布，提供国家各个草原自然公园的详细信息检索查询，包括基本信息、图片、宣传视频等。

草原自然公园分布情况如图 9-9 所示。

图 9-9　国家草原自然公园详细信息界面

4. 草坪业

展示草坪草品种审定情况、草坪草研究进展、草坪管护技术示范等。

七、成果展示与可视化系统

（一）目标和服务对象

成果展示可视化系统利用三维数字地球、可视化、虚拟现实等新兴技术，以二三维地图、各种统计图表、虚拟草原场景等生动形象的方式，展示我国草原宏观统计指标和精细业务指标，实现以草原资源"一张图"为基础的多期草地资源成果数据的集成展示和草原资源场景仿真，为国家林业和草原局和各级草原管理部门掌握草原资源现状、结构、质量和动态变化提供实用手段，为国家和地方多层级草原主管部门管理决策提供依据。

（二）主要功能

1．二三维成果信息查询

提供对国家、省、市、县到山头地块的草班、草原小班、草原样地等调查监测成果的信息查询展示，包括不限于草原资源的分布、草原等、草原级、季节牧场、载畜量以及利用现状等，将草原资源管理落实到山头地块。

2．专题分析和统计

主要提供草原专题分析、草原统计指标展示、历史数据回溯、时空演变过程放映等功能，同时开展生物多样性、违法案件、有害生物等空间位置分布分析和服务。

3．草原场景三维仿真

建立我国主要草种单株三维模型，构建草原调查成果数据全景展示平台，实现以草原小班或样地为基层单位的草原仿真，将草原小班优势草种、盖度、平均高、灌木类型等主要调查因子与草原仿真结果相匹配，将草原小班数据落实到山头地块同时，初步实现草原基况监测、草原年度监测主要数据成果仿真现场的生动形象展示，达到真实刻画草原现场情景的目标。

八、草原大数据智能分析平台

（一）目标和服务对象

利用先进的物联网、人工智能、遥感应用、GIS 空间分析、元宇宙等技术，通过多源卫星遥感数据形成多星联合观测能力，与全自动生态监测站、外业调查信息、社会经济数据等多维度、多尺度、高频率、全链条数据的整合，为草原保护修复和监督管理提供智能化分析，辅助管理决策。实现草畜平衡智能化监管、草原保护修复空间精准化提取与分区施策，草原鼠虫害自动预警，提升草原执法和监管的现代化水平，为公众提供更多样化的草原生态服务产品。

（二）主要功能

1. 多源卫星数据自接收自处理系统

建设集静止气象卫星、中等分辨率卫星、高分辨率卫星数据等多源卫星数据自动接收自动处理系统，实现图像辐射校正、几何校正、图像拼接和专题信息的云端自动处理计算，大幅度节省人力成本，提高工作效率，满足草原监测与管理全方位的卫星数据需求，如图 9-10 所示。

图 9-10　葵花 8 号静止气象卫星数据拼接处理后圆盘图像

2. 草畜平衡"天空地"一体化智能监管系统

利用卫星遥感数据，定期开展草原盖度、产草量监测，获取其变化趋势，判断草原生态环境变化，对盖度、产草量明显下降的区域列为重点区域。针对重点区域，利用无人机开展羊群数量监测，研发人工智能识别技术开展草原放牧强度定量监测，判断草原超载率，辅助管理决策，如图 9-11 所示。

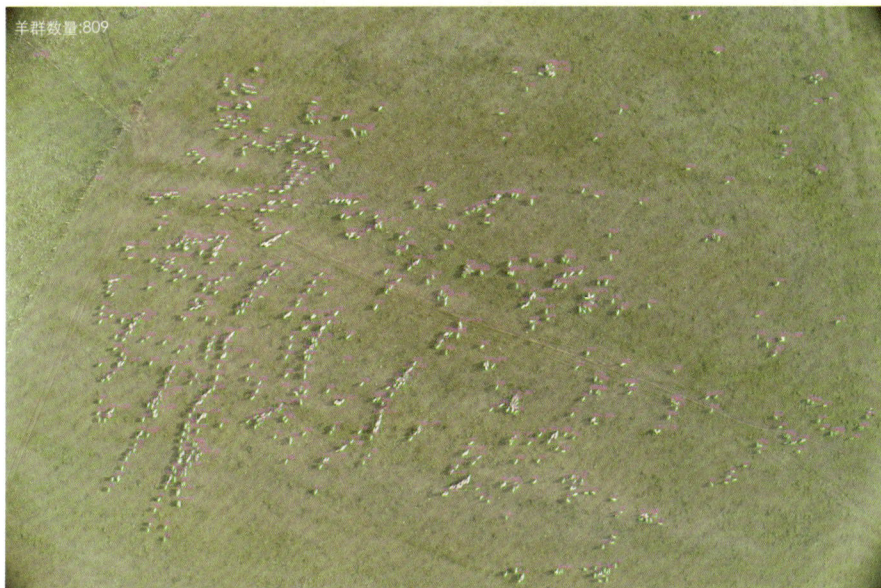

羊群数量:809

图 9-11　无人机开展草原放牧强度和羊群数量监测

3. 草原保护修复区域及修复类型自动诊断系统

利用地面调查数据和卫星遥感数据，采用智能化分析手段实现退化草原修复前诊断，并给出修复措施，建立生态修复全过程的数字化管理。一是修复前诊断。实现草原退化（植物种退化、沙化、盐渍化、石漠化）类型和程度的空间分布自动提取。二是建立草原生态修复专家知识库，给出修复措施。针对不同草地类型和不同程度的退化情况，因地制宜给出修复措施，实施分区精准修复。

4. 草原鼠虫害大数据监测预警系统

利用生态幅、生态位和种群消长等理论和模型，在收集历年生物灾害发生数量和分布、区域气象、草原类型、土壤、地形等资料的基础上，通过不同时期的地面调查，监测鼠虫害典型区域不同时期的分布和发生情况；同时，结合遥感手段，监测地上生物量、地温、地表湿度等因子，进而评估鼠虫害区域分布状况，预测鼠虫病害的发展趋势、扩展区域或迁飞方向；通过经济与生态阈值模型分析预警可能的危害区域和程度，并对防治措施进行决策。

5. 草原自然公园元宇宙体验系统

建立草原自然公园 VR 720 全景展示系统，在草原公园中选择重

要景点制作，实现在线虚拟游园，通过高清晰度全景三维展示景区
的优美环境，给观众一个身临其境的体验，结合景区游览图导览，
可以让观众自由穿梭于各景点之间，是旅游景区、旅游产品宣传推
广的最佳创新手法。同时，虚拟导览展示可以用来制作风景区的介
绍光盘、名片光盘、旅游纪念品等。

第四节　草原资源信息共享与服务

本节主要描述传统的草原资源信息共享与服务，确定国家和地
方 4 级草原资源信息服务类别、主要内容、服务类型和基础服务信
息及主要技术实现方法。具体实践中，国家和地方各级草原管理部
门通过本级感知平台建设实现。

草原资源信息服务是基于 WS 或 OGC 标准的各类草原资源数据
或地图服务的统称。为实现草原资源信息共享和应用，充分利用现
有的网络技术、标准或者协议，基于 OGC、HTTP、WSDL、SOAP、
UDDI、XML 等通用标准及技术，将草原感知数据库中可共享的数据
成果开发成数据或地图服务，为政府、企业和社会各方面提供真实可
靠和准确权威的草原信息。草原资源信息服务所使用的服务描述、通
信协议以及数据格式等，一般要求为业界主流、通用的技术方法，并
且可兼容各开发平台。

一、调查监测数据信息服务

草原调查监测数据信息服务分为草原资源"一张图"本底信息
服务、草原年度监测信息服务、草原专项监测信息服务 3 类，共 95
项信息服务内容，见表 9-2。

表 9-2　草原调查监测类数据信息服务

序号	信息服务类别	数据源	信息服务编号	信息服务内容	信息服务类型	服务范围	更新周期
1	草原资源"一张图"本底信息服务	草原基况监测成果数据	1	草原现状小班信息查询服务	网络要素服务	全国、省、市、县、重点战略区、国家公园、重点生态功能区、重要生态系统保护和修复重大工程区、主要流域等	按年
			2	草原分区分布图	地图瓦片服务		
			3	草原类分布图			
			4	草原型分布图			
			5	草地地类分布图			
			6	草地权属分布图			
			7	草原植被盖度分级分布图			
			8	草原单位面积鲜草产量分级分布图			
			9	草原植被碳密度分级分布图			
			10	草原土壤碳密度分级分布图			
			11	草原分等分布图			
			12	草原分级分布图			
			13	草原健康等级分布图			
			14	草地面积按二级地类统计表	Web服务		
			15	草地面积按权属性质统计表			
			16	草地面积按起源统计表			
			17	草地面积按草地类型统计表			
			18	草原综合植被盖度按草地类型统计表			
			19	草地鲜草总产量按草地类型统计表			
			20	草地单位面积鲜草产量按草地类型统计表			
			21	草地干草总产量按草地类型统计表			
			22	草地单位面积干草产量按草地类型统计表			
			23	草地生物量按草地类型统计表			

（续）

序号	信息服务类别	数据源	信息服务编号	信息服务内容	信息服务类型	服务范围	更新周期
1	草原资源"一张图"本底信息服务	草原基况监测成果数据	24	草地生物量密度按草地类型统计表	Web服务	全国、省、市、县、重点战略区、国家公园、重点生态功能区、重要生态系统保护和修复重大工程区、主要流域等	按年
			25	草地植被碳储量按草地类型统计表			
			26	草地植被碳储量密度按草地类型统计表			
			27	草地土壤碳储量按草地类型统计表			
			28	草地土壤碳储量密度按草地类型统计表			
			29	草地总碳储量按草地类型统计表			
			30	草地总碳储量密度按草地类型统计表			
			31	草地单位面积净初级生产力按草地类型统计表			
			32	草地面积按健康级统计表			
			33	草地面积按草原分等统计表			
			34	草地面积按草原分级统计表			
			35	草原综合植被盖度按二级地类统计表			
			36	草地鲜草总产量按二级地类统计表			
			37	草地单位面积鲜草产量按二级地类统计表			
			38	草地干草总产量按二级地类统计表			
			39	草地单位面积干草产量按二级地类统计表			
			40	草地生物量按二级地类统计表			
			41	草地生物量密度按二级地类统计表			
			42	草地植被碳储量按二级地类统计表			
			43	草地植被碳储量密度按二级地类统计表			

（续）

序号	信息服务类别	数据源	信息服务编号	信息服务内容	信息服务类型	服务范围	更新周期
1	草原资源"一张图"本底信息服务	草原基况监测成果数据	44	草地土壤碳储量按二级地类统计表	Web服务	全国、省、市、县、重点战略区、国家公园、重点生态功能区、重要生态系统保护和修复重大工程区、主要流域等	
			45	草地土壤碳储量密度按二级地类统计表			
			46	草地总碳储量按二级地类统计表			
			47	草地总碳储量密度按二级地类统计表			
			48	草地单位面积净初级生产力按二级地类统计表			
			49	草地面积按二级地类、健康级统计表			
			50	草地面积按二级地类、草原分等统计表			
			51	草地面积按二级地类、草原分级统计表			
2	草原年度监测信息服务	草原年度监测成果数据	1	草原年度监测样地信息查询服务	网络要素服务	全国	按年
			2	草原年度监测样地信息查询服务			按年
			3	草原年度监测样线信息查询服务			
			4	草原年度监测草本及矮小灌木样方信息查询服务			
			5	草原年度监测高大草灌样方信息查询服务			
			6	样地调查进度统计表	Web接口服务	全国、省、市、县	
			7	样地质检通过进度统计表			
			8	可食牧草比例统计表		全国、省	
			9	毒害草比例统计表			
			10	裸斑面积比例统计表			
			11	草群平均高度统计表			
			12	植物种数统计表			
			13	理论载畜量统计表			

（续）

序号	信息服务类别	数据源	信息服务编号	信息服务内容	信息服务类型	服务范围	更新周期
3	草原专项监测信息服务	返青监测成果数据	1	草原返青期样地信息查询服务	网络要素服务	全国重点草原省区	旬、月
			2	草原返青期样方信息查询服务			
			3	草原返青监测遥感专题图	地图瓦片服务		
			4	草原返青面积按时间统计表	Web 接口服务		
			5	草原返青时间与上年同期、历史同期对比统计表			
		枯黄监测成果数据	6	草原枯黄期样地信息查询服务	网络要素服务		
			7	草原枯黄期样方信息查询服务			
			8	草原枯黄监测遥感专题图	地图瓦片服务		
			9	草原枯黄面积按时间统计表	Web 接口服务		
			10	草原枯黄时间与上年同期、历史同期对比统计表			
		工程效益监测成果数据	11	草原工程区内、外样地信息查询服务	网络要素服务		年
			12	草原工程区内、外样方信息查询服务			
			13	草原植被显著恢复区域分布图	地图瓦片服务		
			14	种草改良上图地块植被指数变化趋势分布图			
			15	工程区内外植被盖度、草群平均高度、单位面积鲜草产量对比统计表	Web 接口服务		
			16	草原植被显著性恢复区域面积统计表			
			17	种草改良上图地块植被指数时间序列统计表			

（续）

序号	信息服务类别	数据源	信息服务编号	信息服务内容	信息服务类型	服务范围	更新周期
3	草原专项监测信息服务	草畜平衡监测成果数据	18	草畜平衡入户补饲调查数据查询服务	网络要素服务	全国重点草原省区	年
			19	草畜平衡分县补饲调查数据查询服务			
			20	草畜平衡遥感监测专题图	地图瓦片服务		
			21	草畜平衡分级按面积统计表	Web 接口服务		
		无人值守生态站数据	22	无人值守生态监测站数据查询服务	网络要素服务	典型草原区域	小时、天
			23	草原气象六要素监测表	Web 接口服务		
			24	草原空气质量监测表			
			25	草原土壤温湿度监测表			
			26	草原植被指数监测表			
			27	草原植被盖度监测表			
			28	草群平均高度监测表			
			29	草原单位面积鲜草产量监测表			
		无人机监测数据	30	典型区域无人机草原监测图像	地图瓦片服务	典型区域	不定期
			31	典型区域无人机草原监测各类专题图（预留10个）			

二、业务专题数据信息服务

业务专题数据信息服务类型较多，见表9-3。

表 9-3　草原业务专题类数据信息服务

序号	信息服务类别	数据源	服务编号	信息服务内容	信息服务类型	信息服务范围	更新周期
1	基本草原管理类	基本草原划定数据	1	基本草原分布信息查询	网络要素服务	全国	不定期
2	国有草场管理类	国有草场数据	1	国有草场分布信息查询	网络要素服务	全国	不定期

（续）

序号	信息服务类别	数据源	服务编号	信息服务内容	信息服务类型	信息服务范围	更新周期
3	草原督查类	草原督查数据	1	草原督查数据信息查询	Web 接 口服务	全国	按年
		违法违规使用草地数据	2	违法违规使用草地数据信息查询	Web 接 口服务	全国	按年
4	草地征占类	草地征占图斑判读数据	1	草原卫星执法专题图	地图瓦片服务	重点区域	按年
			2	草原开矿疑似地块卫星监测专题图	地图瓦片服务	重点区域	按年
			3	草原开垦疑似地块卫星监测专题图	地图瓦片服务	重点区域	按年
5	草原生态修复类	种草改良落地上图	1	种草改良计划任务落地上图图斑	网络要素服务	全国	按年
			2	种草改良完成任务落地上图图斑	网络要素服务	全国	按年
			3	G01XX 省种草改良计划任务分县统计表	Web 接 口服务	全国	按年
			4	G02XX 省种草改良完成任务分县统计表	Web 接 口服务	全国	按年
6	草原重点生态工程类	退耕还草工程数据	1	退耕还草工程分布信息查询	网络要素服务	工程区	不定期
7	草原自然公园类	国家草原自然公园数据	1	草原自然公园分布信息查询	网络要素服务	全国	不定期
			2	草原自然公园功能分区专题图	地图瓦片服务	全国	不定期
			3	草原自然公园分级分类专题图	地图瓦片服务	全国	不定期
			4	草原自然公园流媒体服务	流媒体服务	全国	不定期
8	草产业服务类	牧草品种数据	1	国产牧草品种数据信息查询	Web 接 口服务	全国	按年
			2	进口牧草品种数据信息查询	Web 接 口服务	全国	按年
9	草原保护类	草管员管理数据	1	草管员信息表	Web 接 口服务	全国	按需
10		草管员巡护数据	2	草管员巡护轨迹数据	网络要素服务	全国	不定期

三、灾害防治数据信息服务

草原灾害防治数据信息服务分为监测预警、疫源疫病管理、鼠虫害治理、灾害损失评估等 4 类信息服务，见表 9-4。

表 9-4　灾害防治类数据信息服务

序号	信息服务类别	数据源	服务编号	信息服务内容	信息服务类型	信息服务范围	更新周期
1	监测预警类	草原火灾监测	1	草原火灾影响范围分布专题图	地图瓦片服务	重点区域	不定期
		草原旱灾监测数据	1	草原旱灾分布专题图	地图瓦片服务	重点区域	不定期
			2	G01 草原旱灾旱情评估统计表	Web 服务	重点区域	不定期
		草原雪灾监测数据	1	草原雪灾分布专题图	地图瓦片服务	重点区域	不定期
			2	G01 草原雪灾雪情评估统计表	Web 服务	重点区域	不定期
		鼠虫害调查数据	1	草原鼠害分布专题图	地图瓦片服务	重点区域	不定期
			2	草原虫害分布专题图	地图瓦片服务	重点区域	不定期
			3	草原病害分布专题图	地图瓦片服务	重点区域	不定期
		草原灾害风险普查	1	草原致灾因子分布专题图	地图瓦片服务	重点区域	不定期
			2	草原风险等级分布专题图	地图瓦片服务	重点区域	不定期
		草原其他灾害	1	草原沙尘暴影响范围分布专题图	地图瓦片服务	重点区域	不定期
			2	草原沙尘暴持续时间分布专题图	地图瓦片服务	重点区域	不定期
2	疫源疫病管理类	疫源疫病防控管理数据	1	疫源疫病分布专题图	地图瓦片服务	重点区域	不定期
3	鼠虫害治理类	鼠害虫害治理数据	1	草原鼠害治理结果统计表	Web 服务	重点区域	不定期
			2	草原虫害治理结果统计表	Web 服务	重点区域	不定期
			3	草原病害治理结果统计表	Web 服务	重点区域	不定期
4	灾害损失评估类	灾害损失评估数据	1	草原旱灾损失评估统计表	Web 服务	重点区域	不定期
			2	草原雪灾损失评估统计表	Web 服务	重点区域	不定期
			3	草原火灾损失评估统计表	Web 服务	重点区域	不定期

四、综合产品数据信息服务

草原综合产品数据信息服务分为草原生态评价信息服务、草原专题产品信息服务、草原社会公众信息服务3类，共17项信息服务内容，见表9-5。

表 9-5　草原综合产品数据信息服务

序号	信息服务类别	数据源	服务编号	信息服务内容	信息服务类型	服务范围	更新周期
1	草原生态评价类	草原生态评价成果数据	1	草原生态系统服务功能评价专题图	地图瓦片服务	全国	年
			2	草原生态系统价值评价专题图			
			3	草原资产核算专题图			
			4	草原退化类型专题图			
			5	草原退化程度专题图			
2	专题产品数据类	专题产品数据	1	草原长势动态专题图	地图瓦片服务	全国	旬、月
			2	草原生产力动态专题图			
			3	降水专题图			
			4	温度专题图			
			5	日照专题图			
			6	土壤湿度专题图			
			7	土壤温度专题图			
			8	草原旱情专题图			
			9	草原雪情专题图			
3	社会公众服务类	公众服务类数据	1	草原生态旅游地信息查询	网络要素服务	典型区域	不定期
			2	草原生态旅游地专题视频	流媒体服务		
			3	草原生态旅游地专题图像			

参考文献

曹宁，韩颖娟，马宁，2013. 荒漠化及植被盖度监测变化分析——以宁夏盐池县为例 [J]. 农业网络信息（10）：123-125.

陈奇，2018. 基于遥感影像的乌梁素海水生植被识别与黄苔覆盖度监测研究 [D]. 呼和浩特：内蒙古大学.

陈全功，2008. 中国草原监测的现状与发展 [J]. 草业科学（2）：29-38.

董世魁，2022. 草原与草地的概念辨析及规范使用刍议 [J]. 生态学杂志，41（5）：992-1000.

董世魁，唐芳林，平晓燕，等，2022. 新时代生态文明背景下中国草原分区与功能辨析 [J] 自然资源学报，379（3）：568-581.

杜际增，王根绪，李元寿，2015. 近45年长江黄河源区高寒草地退化特征及成因分析 [J]. 草业学报，24（6）：5-15.

樊潇，2022. 以建立草原公园为抓手，推动牧区草原转型升级 [J]. 中国草食动物科学，42（1）：61-64.

高秉博，王劲峰，胡茂桂，等，2020. 中国陆表自然资源综合观测台站布点优化 [J]. 资源科学，42（10）：1911-1920.

葛静，2022. 中国北方地区草地地上生物量遥感估测及变化分析研究 [D]. 兰州：兰州大学.

国家林业和草原局草原管理司，2022. 走进草原——草原知识百问 [M]. 北京：中国林业出版社.

韩宗涛，2017. 基于特征优选的森林地上生物量遥感估测 [D]. 福州：福州大学.

纪磊，2012. 若尔盖草地沙化程度的遥感监测及其植被特征与土壤养分的分析 [D]. 雅安：四川农业大学.

李苗苗，2003. 植被覆盖度的遥感估算方法研究 [D]. 北京：中国科学院遥感应用研究所.

李维友，段良霞，谢红霞，等，2022.基于条件拉丁超立方抽样的县域耕地土壤有机质空间插值合理样本密度的确定 [J].土壤通报，53（3）：505-513.

李凌浩，王堃，斯琴毕力格，2012.新时期我国草地环境科学发展战略的思考 [J].草地学报，20（2）：199-206.

刘洋洋，任涵玉，周荣磊，等，2021.中国草地生态系统服务价值估算及其动态分析 [J].草地学报，29（7）：1522-1532.

林芳芳，刘金福，路春燕，等，2017.基于遥感的福建闽侯丘陵区农作物种植面积空间抽样方 [J].福建农林大学学报（自然科学版），46（6）：678-684.

卢易，李健，王剑英，等，2017.拉丁超立方抽样在传染性疾病风险分析中的应用 [J].计算机与应用化学，34（3）：177-182.

陆守一，陈飞翔，2017.地理信息系统 [M].北京：高等教育出版社.

马林，2014.草原生态保护红线划定的基本思路与政策建议 [J].草地学报，22（2）：229-233.

梅安新，2001.遥感导论 [M].北京：高等教育出版社.

农业部草原监理中心，2015.中国草原监测 [M]：北京：中国农业出版社.

农业部草原监理中心，2013.中国草原发展报告（2011）之草原监测预警 [J].中国畜牧业（23）：60-61.

秦伟，朱清科，张学霞，等，2006.植被覆盖度及其测算方法研究进展 [J].西北农林科技大学学报：自然科学版，34（9）：163-170.

苏大学，刘建华，钟华平，等，2005.中国草地资源遥感快查技术方法的研究 [J].草地学报，13（z1）：4-9.

唐芳林，刘永杰，韩丰泽，等，2020.创建草原自然公园，促进草原科学保护和合理利用 [J].林业建设（2）：1-6.

唐芳林，宋中山，孙暖，等，2021.关于国有草场建设的思考 [J].草地学报，29（5）：861-865.

唐芳林，周红斌，朱丽艳，等，2020.构建林草融合的草原调查监测体系 [J]，林业建设（5）：11-16.

田海静，王林，韩立亮，等，2022.基于哨兵 2 号多光谱遥感数据的草原植被盖度反演 以内蒙古自治区为例 [J].林业资源管理（4）：134-140.

田海静，曹春香，戴晟懋，等，2014.准格尔旗植被覆盖度变化的时间序列遥感监测 [J].地球信息科学学报，16(1)：126-133.

田海静，王林，石俊华，2020. 近 20 年中国北方草原植被长势动态监测 [J]. 草业科学，37（11）：2165-2174.

王正兴，刘闯，赵冰茹，等，2005. 利用 MODIS 增强型植被指数反演草地地上生物量 [J]. 兰州大学学报 (自然科学版)，41（2）：10-16.

王林，高金萍，田海静，等 . 草原资源管理"一张图"智慧管理平台建设实践与探讨——以新疆生产建设兵团智慧草原管理平台为例 [J]. 林业资源管理，2023（2）：27-35.

杨振海，2011. 当前我国草原工作面临的形势与任务 [J]. 草地学报，19（6）：893-897.

杨智，徐斌，2019. 草原综合植被覆盖度的概念与计算方法 [J]. 草业科学，36（6）：1475-1478.

张光辉，梁一民，1996. 植被盖度对水土保持功效影响的研究综述 [J]. 水土保持研究（2）：104-110.

章超斌，李建龙，张颖，等，2013. 基于 RGB 模式的一种草地盖度定量快速测定方法研究 [J]. 草业学报，22（4）：220-226.

赵英时，2003. 遥感应用分析原理与方法 [M]. 北京：科学出版社 .

仲格吉，2019. 空间相关性和变异性对农作物面积空间抽样效率的影响研究 [D]. 北京：中国农业科学院 .

Glasserman Paul, 2013. Monte Carlo Methods in Financial Engineering [M]. 革和，等译 . 北京：高等教育出版社 .

Hengl T, Rossiter D G, Stein A, 2003. Soil sampling strategies for spatial prediction by correlation with auxiliary maps[J]. Australian Journal of Soil Reaserch, 41(8): 1403-1422.

McKay M, Beckman R, Conover W, 2000. A comparison of three methods for selecting values of input variables in the analysis of output from a computer code[J]. Technometrics, 42(1): 55-61.

Minasny B, McBratney A B, 2006. A conditioned Latin hypercube method for sampling in the presence of ancillary information[J]. Computers & Geosciences, 32(9): 1378-1388.

附 录
术语与技术标准

一、术语释义

1. 草原

草原是指生长草本植物或兼有灌木和稀疏乔木，可以为家畜和野生动物提供食物和生产的场所，并可为人类提供生活环境及生物产品，是一种多功能的土地——生物资源和草业生产基地。具体草原的划分标准：草本植被总覆盖度 ≥ 5% 的各类天然草地，树木郁闭度 ≤ 0.3 的疏林草地，灌丛郁闭度 ≤ 0.4 的疏灌丛草地，弃耕撂荒 ≥ 5 年的次生草地，以及实施改良措施的改良草地和人工草地；还包括沼泽地、苇地、沿海滩涂，植被总覆盖度 ≥ 5% 的高寒荒漠、苔原、盐碱地、沙地、石砾地；还包括林地范畴中 5 年内未更新的伐林迹地或火烧迹地、造林未成林地；还包括耕地范畴中的宽度大于 1~2 米的田埂（南方宽 ≥ 1 米，北方宽 ≥ 2 米）；还包括属于居民点、工矿、交通用地、风景旅游区、国防用地、村庄周围、道路两侧以多年生草本植物为主的各种空闲地。

2. 草地

草地是一种土地利用类型，第三次全国国土调查草地划分标准：天然牧草地，即以天然草本植物为主，用于放牧或割草的天然草地，包括实施禁牧措施的草地，不包括沼泽草地；人工牧草地，即由耕地改为人工牧草地，但耕作层未被破坏的土地；其他草地，即树木郁闭度 < 0.1，表层为土质，不用于放牧的草地。

3. 草原基况监测

草原基况监测是以第三次全国国土调查转绘的图斑范围为基础，充分利用已有最新草原资源调查成果确定草地范围，对草地进行区划落界，明确到草班、小班，落实到山头地块，建立小班档案，并结合森林、湿地、荒漠等其他调查成果，查清草地之外的其他草资源状况，最终形成草原资源"一张图"，是详细摸清草原资源现状的基础性工作。

4. 草班

草班是指为便于草原经营管理，合理组织草业生产、开展草原保护修复、利用而划定的长期的、固定的草原经营管理单元，是村级行政界线和管理区界线之下划分的相对稳定的区划单元。

5. 小班

小班是指草原地块内部特征基本一致，与相邻地段有明显区别，而需采取相同经营管理措施的小区。小班是草原资源监测、统计和经营管理的最小单元。

6. 草原植被盖度

草原植被盖度是指小班地块植物群落总体或各个体的地上部分的垂直投影面积与地块面积的百分比，反映草原植被的覆盖程度。

7. 草原综合植被盖度

草原综合植被盖度是指某一区域各主要草原类型的植被盖度与其所占面积比重的加权平均值，是区域内草原植被生长浓密程度的综合反映（杨智等，2019）。

8. 产草量

产草量是指在草原植被生长盛期（花期或抽穗期）样方内地上植物生物量，其中草本产量是将样方内所有植物齐地面刈割，灌木产草量是当年生长的枝条部分(包括叶、花、果),然后用天平称重,即为鲜重,风干或烘干后再测其干重。

9. 草原覆盖率

草原覆盖率是指草原植被盖度达 20% 以上的面积占国土面积的比率,一般用百分比表示。

10. 草畜平衡

为保持草原生态系统良性循环,在一定时间内,草原使用者或承包经营者通过草原和其他途径获取的可利用饲草饲料总量与其饲养的牲畜所需的饲草饲料量保持动态平衡。

11. 优势种

草地群落中具有高度的生态适应性,数量、大小和生产力最大,对其他物种的生存和生长有很大影响与控制作用的植物物种。

12. 共优种

多种植物在草地群落中的优势地位相近时为共同优势种,简称共优种。

13. 草原有毒植物

草原上使动物发病、死亡或使动物健康发生异常的植物。有害植物以青饲或干草的形式被家畜采食后,会妨碍家畜的正常生长发育或引起家畜的生理异常,甚至发生死亡。

14. 草原有害植物

草原有害植物是指该种植物在自然状态下,自身不含有毒物质,但某些器官(茎、叶、种子具芒、钩、刺等外部形态)在特定生长发育阶段可对家畜造成机械损伤,甚至导致家畜死亡的植物,或含有特殊化学物质致使家畜采食后畜产品品质降低的植物或对草原生态环境产生不利影响的植物。

15. 草原返青

草原返青是指春季气温回升、水分条件适宜时，草原牧草结束休眠开始复苏，地面芽、地下芽萌发或老叶恢复弹性开始生长，植株或草原景观由黄变绿的过程。

16. 草原返青期

草原返青期是指草原景观中从少量牧草返青开始到全部牧草返青为止的这段时期。根据返青比例不同，又可将返青期划分为返青初期、返青中期、返青后期。

17. 草原支持服务价值

对于草原生态系统的供给、调节、文化等服务价值的产生必不可少的价值化形式，包括土壤保育、养分输入等价值。

18. 草原供给服务价值

草原提供给人类所需各种物质和能量的价值化形式，包括牧草、其他生产原材料和种质资源保育等价值。

19. 草原调节服务价值

草原生态系统在对水、土、气的调节过程中可向人类提供的各种惠益的价值化形式，比如气候变化减缓、微气候调节、空气质量调节、水源涵养等价值。

20. 草原文化服务价值

人类从草原生态系统获得的风景游憩、美学灵感、故土情结和文化遗产等非物质惠益的价值化形式。

21. 土壤保育价值

草原植被通过降低土壤水蚀和风蚀模数，以达到保持土壤、防风固沙与减少土壤肥力损失作用的价值化形式。

22. 养分输入价值

草原植被从大气、土壤和降水中吸收 N、P、K 等营养元素贮存在体内，通过凋落物、根系周转、根系分泌物将养分输入土壤的价值化形式。

23. 牧草供给价值

草原生态系统提供用于饲养家畜和野生食草动物食用的草本植物及木本植物当年生嫩枝叶的价值化形式。

24. 生产原材料供给价值

由草原生态系统提供用于生产过程起点的植物原材料的价值化形式。

25. 种质资源保育价值

草原为生物的繁育、基因以及遗传信息等起到保育作用的价值化形式。

26. 水源涵养价值

草原生态系统通过对降水的截留、吸收和贮存，将地表水转为地表径流、土壤水或地下水，并达到稳定蓄水量，改善、净化水质进而为人类提供可用水资源的价值化形式。

27. 气候变化减缓价值

草原通过植被光合作用吸收固定大气中的二氧化碳等温室气体，增加陆地碳储存并形成碳汇，从而达到减缓气候变化不利影响的价值化形式。

28. 微气候调节价值

草原植被通过光合作用、蒸腾作用等生物化学过程和辐射能量传输等生物物理过程改变草原和大气间水分和能量交换，将植物体内水分转变为水蒸气散失到周边大气，从而达到降低局地温度、增加空气相对湿度的价值化形式。

29. 空气质量调节价值

草原植被通过释放氧气和负氧离子，以及阻挡、过滤、吸附、滞留空气中悬浮颗粒物，从而达到优化空气质量的价值化形式。

30. 健康等级

根据草原生态系统中的生物和非生物结构的完整性、生态过程的平衡及其可持续的程度，将草原分为健康、亚健康、不健康、极不健康。

31. 健康

生物和非生物结构完整、生态过程平衡并可持续的状态。

32. 亚健康

生物和非生物结构、生态过程平衡性及可持续性处于健康与不健康临界的状态。

33. 不健康

生物和非生物结构不完整、生态过程不平衡的非可持续状态，可通过一定期限、简单的修复措施恢复。

34. 极不健康

生物和非生物结构缺失、生态过程失去平衡的非可持续状态，无法通过一定期限、简单的修复措施恢复。

35. 退化等级

草原退化指在生物因素和非生物因素作用下草原的生物、土地和水资源，以及生态环境逐渐恶化，植物群落逆向演替、草地功能衰减的过程。根据相关指标变化程度，分为未退化、轻度退化、中度退化、重度退化。

36. 未退化

草群结构和外貌基本无变化，群落总覆盖度、植被总产量基本未出现下降，土壤有机质含量基本未减少，裸地（斑）面积占比基本未增加。

37. 轻度退化

草群结构和外貌无明显变化，群落总覆盖度、植被总产量、土壤有机质含量出现小幅下降或减少，裸地（斑）面积占比小幅增加。

38. 中度退化

草群结构和外貌发生明显变化，群落总覆盖度、植被总产量、土壤有机质含量明显降低或减少，裸地（斑）面积占比增加明显。

39. 重度退化

草群结构和外貌发生根本性变化，群落总覆盖度、植被总产量、土壤有机质含量出现很大程度降低或减少，裸地（斑）面积占比大幅增加。

二、技术标准

（一）地类标准

在《土地利用现状分类》的基础上，采用《第三次全国国土调查工作分类》确定草地地类，草地地类划定标准，见表1。

表1　草地地类划定标准及代码

一级类		二级类		含义		
编码	名称	编码	名称			
04	草地			指生长草本植物为主的土地。不包括沼泽草地		
		0401	天然牧草地	指以天然草本植物为主，用于放牧或割草的草地，包括实施禁牧措施的草地，不包括沼泽草地		
		0403	人工牧草地	指人工种植牧草的草地		
				0403K	可调整人工牧草地	指由耕地改为人工牧草地，但耕作层未被破坏的土地
		0404	其他草地	指树木郁闭度＜0.1，表层为土质，不用于放牧的草地		

（二）数学基础

1. 坐标系统

坐标系统采用"2000 国家大地坐标系"。

2. 投影方式

采用高斯—克吕格投影，按 6°分带或 3°分带。

3. 高程系统

高程系统采用"1985 国家高程基准"。

（三）计量单位

（1）小班数据库各因子计量单位按照数据库因子填写要求执行。

（2）县级成果统计表计量单位，面积单位为公顷，草产量单位为千克；草原覆盖率、草原综合植被盖度为百分制，保留两位。

（3）省级、国家级成果统计计量单位，面积单位为公顷，草产量单位为吨；草原覆盖率、草原综合植被盖度为百分制，保留两位。

（四）资源状况

1. 资源范围

第三次全国国土调查及年度变更划定的草地范围。

2. 草原类型

以植被类型为划分依据，将全国草原划分为草原、草甸、荒漠、灌草丛、稀树草原、人工草地 6 个类组 20 个类及 824 个型（表 2）。

（1）草原类。以气候特征（热量）和植被基本特征为依据，充分考虑地形、土壤和经济因素，将全国草原划分为温性草甸草原、温性草原、温性荒漠草原、高寒草甸草原、高寒草原、高寒荒漠草原、高寒草甸、低地草甸、山地草甸、沼泽草甸、温性荒漠、温性草原化荒漠、高寒荒漠、暖性草丛、暖性灌草丛、热性草丛、热性灌草丛、干热稀树灌草丛、温带稀树草原和人工草地（国家林业和草原局草原管理司，2021）。

（2）草原型。根据《中国草地资源》草地分类系统确定的草原型为 824 个。

表 2 草原类组、草原类划分

类组		类	
序号	名称	序号	名称
I	草原	1	温性草甸草原
		2	温性草原
		3	温性荒漠草原
		4	高寒草甸草原
		5	高寒草原
		6	高寒荒漠草原
II	草甸	7	高寒草甸
		8	低地草甸
		9	山地草甸
		10	沼泽草甸
III	荒漠	11	温性荒漠
		12	温性草原化荒漠
		13	高寒荒漠
IV	灌草丛	14	暖性草丛
		15	暖性灌草丛
		16	热性草丛
		17	热性灌草丛
V	稀树草原	18	温性稀树草原
		19	干热稀树草原
VI	人工草地	20	人工草地

3. 草原类别

草原类别分为天然草原、人工草地和其他草地三类。

（1）天然草原。天然草原包括保护地天然草原、牧用地天然草原（天然牧草地）、改良草原、次生草地。

（2）人工草地。包括人工饲草地、草种基地等。

（3）其他草地。其他草地指未经营利用的草地。

4. 功能类别

根据草原的"三生"（生态、生产、生活）功能和用途，将草原划分为生态公益类草原、生产经营类草原、生活服务类草原和综合功能用途类 4 个功能类别。

（1）生态公益类草原。具有水土保持、防风固沙、水源涵养、固碳释氧、生物多样性维持、种质资源保存等主导功能的草原。

（2）生产经营类草原。具有放牧利用、割（打）草利用、放牧和割（打）草兼用等主导功能的草原。

（3）生活服务类草原。应用于文化遗迹地、科研示范、文化传播、生态旅游等主导功能的草原。

（4）综合功能用途类草原。指兼有多种功能用途的草原。

5. 草地权属

草地权属按照草地所有权、草地使用权和草地经营权划分。草地使用权和草地经营权一般情况下是一致的，特殊地区根据实际情况划分使用权和经营权。草地经营权是否调查由各省份根据本省份管理实际自行确定。

（1）草地所有权。

国有：草地所有权为国家所有。

集体：草地所有权为乡（镇）、行政村（嘎查）或村民小组集体所有。

（2）草地使用权。

国家：指国有单位经营和使用。

集体：指集体组织经营和使用。

个人：指个人或联户经营和使用。

其他：以上三种形式之外的各种经营实体拥有草地使用权。

（3）草地经营权。草地经营权见表 3。

6. 植被结构

草原植被结构划分为草本型、灌草型、乔草型和乔灌草型，共 4 个类型。

（1）草本型：只具有草本层 1 个植被层次的草原。

（2）灌草型：具有灌木层和草本层 2 个植被层次的草原，且灌木层盖度在 5% 以上。

（3）乔草型：具有乔木层和草本层 2 个植被层次的草原，且乔木在小班内均匀分布，郁闭度在 0.05 以上。

表3 草原所有权、经营权类别

序号	所有权	序号	经营权
Ⅰ	国有草原	1	承包到户的国有草原
		2	国有牧（草）场使用的国有草原
		3	寺庙等使用的国有草原
Ⅰ	国有草原	4	国家公园等保护地使用的国有草原
		5	国防和科研等公益事业使用的国有草原
		6	未承包的国有草原
Ⅱ	集体草原	7	承包到户的集体草原
		8	承包到小组的集体草原
		9	国家公园等保护地使用的集体草原
		10	国防和科研等公益事业使用的集体草原
		11	未承包的集体草原

（4）乔灌草型：具有乔木层、灌木层和草本层 3 个植被层次的草原，且灌木层盖度在 5% 以上，乔木郁闭度在 0.05 以上。

（五）利用状况

1. 基本草原

基本草原划定条件：

（1）重要放牧场；

（2）割草地；

（3）用于畜牧业生产的人工草地、退耕还草地以及改良草地、草种基地；

（4）对调节气候、涵养水源、保持水土、防风固沙具有特殊作用的草原；

（5）作为国家重点保护野生动植物生存环境的草原；

（6）草原科研、教学试验基地；

（7）国务院规定应当划为基本草原的其他草原。

2. 利用方式

草原利用方式包括以下几种：

（1）全年放牧：全年放牧利用草地；

（2）冷季放牧：北方一般指冬季和春季放牧；南方一般指冬季放牧草地；

（3）暖季放牧：牧草生长季节放牧草地；

（4）打（割）草：用于刈割的非放牧草地；

（5）自然保护：用于生态保护的草地；

（6）景观绿化：用于景观绿化的草地；

（7）科研实验：用于科研实验的草地；

（8）水源涵养：用于涵养水源的草地；

（9）固土固沙：用于固沙固土的草地；

（10）其他利用方式：除了以上利用方式的其他利用类型；

（11）未利用。

（六）立地与土壤因子划分标准

1. 地貌

地貌，即在一定范围内所表现出的地形外貌特征。分极高山、高山、中山、低山、丘陵、平原。具体划分标准如下：

（1）极高山：海拔5000米（含）以上的山地；

（2）高山：海拔为3500～4999米的山地；

（3）中山：海拔为1000～3499米的山地；

（4）低山：海拔低于1000米的山地；

（5）丘陵：没有明显的脉络，坡度较缓和，且相对高差小于100米；

（6）平原：平坦开阔，且相对高差小于50米；

（7）盆地：指周围被山岭或高地环绕，中间地势低平，似盆状地貌。

2. 坡向

坡向，指小班主要方位。分为东、南、西、北、东南、东北、西南、西北、无坡向、全坡向10个方位。

（1）东 坡：方位角68°～112°；南 坡：方位角158°～202°；

（2）西 坡：方位角248°～292°；北 坡：方位角338°～22°；

（3）东北坡：方位角 23°～67°；东南坡：方位角 113°～157°；

（4）西南坡：方位角 203°～247°；西北坡：方位角 293°～337°；

（5）无坡向：坡度＜5°的地段；全坡向：无法区划的小山体。

3. 坡度

（1）Ⅰ级：平坡（0°～5°）；

（2）Ⅱ级：缓坡（6°～15°）；

（3）Ⅲ级：斜坡（16°～25°）；

（4）Ⅳ级：陡坡（26°～35°）；

（5）Ⅴ级：急坡（36°～45°）；

（6）Ⅵ级：险坡（≥46°）。

调查时填写小班平均坡度。

4. 土壤质地

（1）砂土：一般为单颗的沙粒，干时放于手中，沙粒会自指缝中自动流出，湿时可以勉强成球，但一触即散。

（2）砂壤土：有一定的粉粒和黏粒形成某些黏结性，但还容易看出单个沙粒，湿时可以捏成球，并可搓成 2 毫米左右的细条，但手轻轻提取即断。

（3）壤土：沙粒、粉粒、黏粒大致相等，干时有土块但易捻碎，湿时能形成 2 毫米左右细条，成型较好。

（4）粉砂壤土：粉粒含量超过 50%，中等数量的细沙及少量黏粒，干捻时有柔软的"面粉"感觉，干时形成的土块容易破碎，湿时可以形成 2 毫米的土条，弯成 2 厘米直径的圆圈易断裂。

（5）黏壤土：黏粒增多，干时土块较硬，难捻碎，湿时可搓成 2 毫米左右的细条，也容易弯成 2 厘米直径的圆环，环外缘有细裂纹，压扁时产生粗裂缝。

（6）壤黏土：几乎看不到沙粒，干时土块坚硬，难碎，湿时不但能形成 2 毫米的细条，而且能形成 2 厘米的圆环，无裂缝，但压平时其边缘发生裂缝。

（7）黏土：看不到沙粒，全为黏土，干时土块坚硬，湿时将土条压平成片，且有滑滑的感觉，而且有黏土光泽，并黏手难洗。

可采用目测法或手感法调查。

5. 土层厚度

根据土层厚度确定，划分标准见表4。

表4　土层厚度等级

厚度等级	亚热带山地丘陵、热带	亚热带高山、暖温带、温带、寒温带
厚层土	≥ 80 厘米	≥ 60 厘米
中层土	40 ~ 79 厘米	40 ~ 59 厘米
薄层土	< 40 厘米	< 30 厘米

注：调查时填写小班土壤厚度等级。